LA CHASSE

ET

LE PAYSAN

PARIS. — IMP. SIMON RAÇON ET COMP., RUE D'ERFURTH, 1.

LA CHASSE

ET

LE PAYSAN

PAR

HONORÉ SCLAFER

Les pays ne sont pas cultivés en raison
de leur fertilité, mais en raison de leur
liberté.

MONTESQUIEU, *Espr.* XVIII, 3.

PARIS

FERDINAND SARTORIUS, ÉDITEUR

27, RUE DE SEINE, 27

1868

PRÉFACE

—

Ami paysan, le dessein de ce livre est de te défendre envers autrui, mais le dessein de cette préface est de te défendre envers toi-même.

Te défendre envers toi-même, c'est combattre en ton cœur le penchant qui te porte à quitter l'état de paysan pour celui d'artisan, à déserter les champs pour les villes.

Or, si tu inclines à répudier la condition du travailleur de terre afin d'embrasser celle du travailleur de métier, c'est que tu les juges mal l'une et l'autre : je vais m'efforcer de te redresser l'esprit à cet égard.

Tu mésestimes ta condition, et cela tient moins aux déceptions qu'elle te cause, qu'aux dépréciations que ne cesse d'en faire l'opinion autour de toi ; mais cette

a

défaveur de l'opinion, prends-y garde, elle part d'un motif d'envie : l'ouvrier t'en veut, parce que, sous le rapport du bien-être matériel, tu es mieux partagé que lui; le propriétaire t'en veut parce que, lorsque tu te mets à cultiver un champ, devenu tien, tu y réussis mieux que lui.

Un dicton usuel exprime bien cette animosité de tous contre toi, quand pour signifier qu'une besogne est répugnante et vile, chacun de s'écrier : « *J'aimerais autant bêcher la terre!* » comme si bêcher la terre n'était pas de beaucoup en ce monde, le meilleur lot; celui qui met le plus à portée de prendre le pain dans l'épi, le vin dans la grappe, le fruit dans la branche, celui qui met le plus à portée de posséder la terre.

Posséder la terre! ce premier de tous les biens, qui, nous rendant indépendant et des hommes et des choses, nous investit de souveraineté. L'homme qui ne peut fouler nulle part en maître, cette superficie à laquelle nous adhérons, est, en quelque sorte, sur ce globe, au même titre que la brute vagabonde : bannissable de partout, aucun champ ne le reconnaît pour maître, et c'est le fonds d'autrui qui lui donne à subsister.

Eh bien, si quelqu'un est à même de posséder un morceau de terre, c'est à coup sûr le manœuvre qui cultive le sol; un labeur ininterrompu lui assure vite un pécule, qui n'a pas besoin d'être bien gros pour représenter la valeur d'un petit champ : six cents francs et moins y suffisent ; en trois années, au taux où sont montés les salaires rustiques, un bêcheur de vignes, un toucheur de bœufs, peuvent mettre une pareille somme à l'épargne.

Mais définissons le paysan, et, disant ce qu'il est dans la société, justifions de ses droits à l'estime de tous et à la sienne propre.

Le paysan est l'homme sans lequel, non-seulement les récoltes, mais encore les campagnes n'existeraient pas : il y aurait, à la place, ces marécages, ces forêts, que son bras, armé du hoyau, empêche d'avancer.

Le paysan est le commencement de toute civilisation, il en est aussi la fin. Point de paysans, point de pays.

Le premier homme, Adam, était un paysan, et même un parcellaire, tout son domaine n'avait que l'étendue d'un jardin. Il ne pouvait être autre chose, la condition du paysan étant la seule où l'individu sait tirer, par lui-même, sa subsistance du sol.

Toutefois, cette institution primordiale de la paysannerie ne devait pas avoir de suites dans l'humanité, car ce fut là une catégorie bien vite disparue.

Des deux fils d'Adam, l'un est paysan comme son père, mais l'autre est ouvrier, bâtisseur de villes, dit la Genèse, et, l'opposition de ces deux ordres commençant déjà, l'artisan Caïn tua le paysan Abel, meilleur que lui.

Voilà le paysan supprimé pour longtemps. L'antiquité ne le connut pas, le prolétaire en tenait lieu, le prolétaire ainsi nommé à cause qu'il ne possédait en propre, à l'exemple des animaux, qu'une seule chose : de la géniture. Le paysan ne date que des temps modernes; il est le fruit de bien des progrès divers, qui tous ont concouru à son avénement. L'homme de rien, possédant la terre, n'était pas une chose que les sociétés anciennes pussent souffrir; car cette possession, si restreinte qu'on la suppose, donne tous les droits. Il existait alors, dans l'ilotisme, l'homme du citoyen; dans l'esclavage, l'homme du riche; dans le vasselage, l'homme du suzerain; il n'y avait pas l'homme du pays, le paysan.

Le paysan, détail remarquable, conserve ceci de son origine tout à fait primitive, qu'il constitue encore une espèce de caste, dans laquelle on n'entre que par le seul bénéfice de la naissance. On ne devient pas paysan, on n'apprend pas l'état de paysan, on naît paysan. La paysannerie, étant une caste, en a gardé ce signe, d'être mal voulue de tous ceux qui n'en font pas partie.

De ce principe, que la nature seule fait des paysans, et que nulle autorité au monde ne s'étend jusqu'à pouvoir en produire, il découle qu'un gou-

vernement ne saurait assez veiller à conserver ceux
qui existent.

Il y a, au surplus, un exemple bien frappant de
cette impossibilité de devenir paysan pour qui n'est
pas né tel, et c'est le juif qui va nous l'offrir.

Certes, nul plus que le juif n'a l'esprit de cet état
de paysan, qui est un état de persévérance, d'économie, de petits profits. Le juif est l'homme du
paradis terrestre, de la vie pastorale, de la terre pro-
mise ; sa loi est toute agricole, et ce peuple sans terre
est celui dont le *Livre* s'occupe le plus de la terre.
Eh bien, le juif, qui se plie à tous les climats, à
toutes les nationalités, à toutes les fortunes, le juif,
bien que ses instincts dussent l'y porter, le juif ne
saurait devenir paysan.

Ne dirait-on pas que l'on n'est paysan qu'en vertu
d'une sorte de prédestination, et d'une prédestination bien justifiée, car c'est là une condition heureuse entre toutes ?

Aussi, ami paysan, ton état, qui ne s'enseigne
point, t'est-il infusé avec la vie : tu vois agir ton
père, et, faisant comme lui, tu deviens, sans les
ennuis d'apprendre, maître dans une profession,
qui, ta vie durant, t'offrira le charme des jeunes
années, à cause que tout y sera natal pour toi.

Celui qui prend un métier qui n'est pas le métier
paternel, et dont il commence l'apprentissage vers

a.

douze ou quinze ans, aura toujours, par la suite, devant les yeux, comme un regret, le souvenir de la condition et des choses au milieu desquelles il a reçu le jour.

Toi, fidèle à ton berceau, et t'élevant dans un milieu ami de ta simplicité native, tu demeures propre à ce contentement d'esprit qui est le bonheur d'ici-bas ; tu demeures enfant. Tu as de l'enfant la curiosité, la gaieté, le bon sommeil, le bon appétit, le bon rire, tu en as même la saine maigreur, les formes alertes; ne connaissant, non plus que lui, l'obésité lourde et bestiale.

Mais tu es heureux surtout par ton genre de travail, qui consiste à produire ce qui est animé, vit et se perpétue. A toi la joie de mettre au monde les récoltes variées, de les voir naître, de les aimer toutes petites, de les accompagner de tes soins jusqu'à leur maturité magnifique ; à toi la joie de rendre par tous les pores la sueur féconde, par tous les muscles la force héroïque; à toi la joie de brandir l'outil comme une épée et avec la même ardeur !

Tu aimes ton travail pour lui-même, l'artisan n'aime le sien que pour son salaire.

Ah ! ton labeur est rude, je le sais, et j'ai lu bien des fois ton angoisse sur ton visage aveuglé de sueurs ; mais ces sueurs mêmes adoucissent pour toi la fatigue, elles l'adoucissent comme les pleurs adoucissent les chagrins, et tu oublies toute lassitude en présence du résultat de tes efforts ; car ce n'est pas sans une volupté divine, que, recouvrant de verdure et de fruits la nudité de la terre, tu touches de tes mains au sein merveilleux de Cybèle.

Oh ! ne te laisse pas remplacer, dans les campagnes, par les machines inertes et les attelages inconscients, qui engendrent sans amour le pain et le vin !

Si tu pouvais comprendre ce que vaut ta condition, tu t'y cantonnerais, tu t'y fortifierais contre toutes les séductions des villes, t'y rendant, pour ainsi parler, inexpugnable. Les paysans qui sont devenus chefs d'empire en ont eu des regrets, mais les chefs d'empire qui, se sont faits les paysans d'un champ, moins que cela : les plante-choux d'un potager, s'en sont bien trouvés.

Et comment ne serais-tu pas heureux : ton bonheur est dans les vues mêmes de la Providence, car il intéresse l'humanité entière ; tu ne saurais pâtir sans que tout pâtisse au-dessus de toi ; te rendre heureux, c'est rendre heureux tous les hommes : tu es le père de famille universel.

Et puis, sortable par elle-même, ta condition l'est surtout par comparaison avec celle de l'ouvrier des cités, dont le sort est, sous tant de rapports, pitoyable. Oh ! il m'en coûte de parler désobligeamment de l'ouvrier des banlieues et des villes, car il souffre ;

toutefois je sens que je le plaindrais davantage si je pouvais ne pas voir en lui un déserteur de la glèbe, qui, sans courage, a préféré au travail corporel des campagnes, le travail manuel des cités, travail moins d'homme que de femme, grâce auquel, en qualité de tailleur, de coiffeur, de chemisier, de cuisinier, de bottier, de chapelier, de valet de tout étage, de commis de toute boutique, il peut espérer de parvenir, en cas de très-heureuse réussite, à la position de petit marchand le long d'une petite rue.

Combien n'es-tu pas moralement supérieur à lui, et à tous ces compagnons, dits du tour de France, qui, disséminés, errants, courent après un travail qui les fuit, et mènent de ville en ville une jeunesse abandonnée, qu'usent les chômages, les maladies, les concurrences, l'inconduite !

Considère surtout les ouvriers des manufactures, vois-les travaillant par chambrées, dans leurs ateliers, assis, coude à coude et dans le plus rigoureux silence, au triste banquet du travail en commun, et compare-les à toi, qui effectues, debout, cheminant et jasant, ta besogne chaque jour variée : n'ayant pour entour, inappréciable avantage ! que l'air des coteaux et des plaines; car si l'on a pu dire du blé qu'il n'y a pire herbe, pour lui, que le blé, à plus forte raison peut-on dire de l'homme, qu'il n'y a, pour lui, pire voisin que l'homme même.

Non, les aspirations de ta franche nature ne sauraient trouver contentement dans le séjour des cités, où partout la pierre recouvre le sol, où nul ne peut posséder de terre ; où le poudreux feuillage de quelques arbres, dépaysés comme toi, te rendra plus cuisant le regret de ta condition première ; où, pour villégiature, tu auras la promenade à travers ces jardins publics, qui tous offrent cela de triste qu'ils sont les jardins de ceux qui n'en ont pas. Défense d'y toucher à la moindre plante, d'y approcher de la moindre fleur. Si nos premiers parents virent leur bonheur détruit par l'interdiction mise sur un seul des arbres de leur Éden, saurais-tu être heureux dans ces jardins où la défense s'étend du cèdre au brin d'herbe, comme si les villes ne mettaient, sous les yeux de leurs hôtes, ces échantillons de culture, que pour exciter en eux le goût de posséder la terre sans le satisfaire jamais ?

L'artisan ne participe en rien aux richesses de son patron : il bâtit et décore des demeures qu'il n'habitera pas ; il tisse des étoffes qu'il ne portera pas ; il met en œuvre des joyaux dont il ne se parera pas ; tandis que toi, touchant à toutes les récoltes de ton maître, tu manges du pain qu'a donné le sillon que tu houes, tu bois du vin qui découle du cep que tu tailles, tu te nourris du lait que vient de traire ta main ; tu goûtes aux fruits de tous les arbres.

Alors que le commerce, l'industrie, les arts, mettent si rarement leur homme à l'abri du besoin, la bêche assure à ce point le bien-être de qui la manie, que de ceux qu'enrichit cet outil méprisé, les campagnes seront bientôt remplies.

On dirait que la terre, par un équitable penchant, allant à qui la vivifie, incline à se donner à toi.

Au temps déjà lointain des sanglantes jacqueries, ce besoin de posséder faisant rage en ton âme, tu t'y pris mal pour arriver à la propriété ; au lieu qu'aujourd'hui, t'armant pour cela, non de l'épieu et du fauchard, mais du pieur et de la houe, tu t'y prends de la bonne sorte, et je te vois au but.

Une fois maître de la moindre portioncule de terre, te voilà riche à faire envie ; car s'il est quelqu'un d'heureux, en ce monde, c'est à coup sûr le paysan devenu propriétaire : il n'a qu'un désir, celui de voir prospérer sa chevance ; et ce désir, il ne cesse pas de le satisfaire ; chaque jour, chaque heure même ajoute au croît de tout ce qu'il possède. Il se couche le soir, plus riche qu'il ne s'était levé le matin. Aussi, en lui, quelle gaieté de tous les instants ; quelle bonne humeur habituelle ! Nul ne l'égale en contentement. Son allégresse est touchante ; tant de satisfaction pour un si modeste avoir, cela équivaut à une très-grande reconnaissance pour un tout petit bienfait.

Va, je connais le cœur du paysan, je sais d'où naît sa joie, je sais quelles douces choses dit à l'âme d'un pauvre vigneron l'action de bêcher pour son compte, quand il a tant bêché pour le compte des autres ! Qui bêche pour autrui et qui bêche par autrui ne connaît le plaisir de bêcher !

Et quel progrès pour toi, ami paysan, qui passes de rien à tout, en devenant époux de la terre, d'esclave de la terre que tu étais ! Ce champ est tien, ce champ est toi, car il t'est à ce point identifié qu'on ne saurait non plus y toucher qu'à toi-même, et que le respect qu'on lui porte, s'étendant jusqu'à ta personne, vous voilà, l'un par l'autre, inviolables et sacrés.

Les commencements surtout de cette maîtrise nouvelle sont pour toi ravissants. Il y a là une lune de miel non moins vive que celle du jeune époux, à l'exemple duquel, sitôt en possession de la parcelle désirée, on te voit, portant sur ton visage les traces de tes plaisirs, te dessécher et te réduire, tant tu vas t'efforçant auprès de l'objet aimé !

Façonner un champ qui vous appartient, cela crève, me disait naïvement un rustaud que j'abordai, un jour, pendant qu'il houait « sur le sien » avec une sauvage ardeur. A bout de forces, il n'y allait plus que de l'âme, mais rudement, car les cailloux faisaient pas mal feu sous l'outil.

Enivre-toi donc de ce délire, qui anime un cœur vaillant dans un corps exténué ; use au gré de ton amour de ce terrain qu'enclôt une haie vive, mais qu'une haie légale enclôt bien plus rigoureusement encore. Quelle douceur pour toi d'en amener la superficie à cet ameublissement parfait que tout paysan connaît, puis de le complanter ou de l'ensemencer de ta main ! Récolter est bon, mais semer est enivrant. Les métives, les vendanges ont leurs mécomptes ; les plantations, les semailles, n'ont que des promesses. L'homme qui sème est toujours joyeux.

Ah ! cet amour de l'homme pour la terre est un amour réel, vu qu'il en naît quelque chose, quelque chose de vivant.

Ce champ de blé, haut, plantureux, superbe, qui ondoie comme un fleuve et murmure comme un rivage, ce champ a tenu, ô semeur, dans ton panier, d'où tu l'as lancé par poignées égales, devant tes pas rapides.

La semence une fois en terre, reste à épier, à surprendre, dans la plante qui commence à poindre, le premier signe de vie de tous ces sillons. Tout devient alors, dans la nature, sujet d'appréhension ou d'espérance ; le temps qu'il fait intéresse plus que rien au monde, et il n'est pas jusqu'à la pluie, laquelle n'est pour le commun des hommes, que le plus fas-

tidieux des météores, qui, lorsque son champ la demande, ne devienne, pour le paysan, un don d'en
haut, presque un miracle. Dehors, pour mieux voir,
il s'adosse à quelque arbre, d'où il contemple descendre la bienfaisante ondée; car, à ses yeux, ce n'est
pas de l'eau qui tombe, ce sont des récoltes : il pleut
à ses regards éblouis des javelles de froment, des
seaux de moût et jusqu'à de grandes meules de
foin.

Oh! que tu la connais bien la satisfaction de voir
ainsi le vaste dôme des cieux coopérer à la prospé-
rité du domaine qu'on aime; phénomène à ce point
admirable, que les cultivateurs des vieux âges y
voyaient présent Dieu lui-même, changé en goutte-
lettes de pluie, pour lubrifier la fécondité des
choses!

Reste paysan, reste paysan! puisque c'est là que
le bien-être t'est le plus accessible; puisque c'est
là que se rencontrent, pour toi, les avantages d'une
médiocrité si belle. Reste paysan! l'individu perd de
sa valeur en se déclassant, autant quand il s'élève
que quand il s'abaisse; un paysan, devenu bourgeois, ne vaut guère mieux qu'un bourgeois devenu
paysan.

Reste paysan, pour rester croyant, et afin que tes
occupations voisines de la nature et de Dieu, incli-
nent doucement ton âme vers ces espérances chré-

tiennes qui sont le fruit d'un culte si sévère et si tendre. Les cœurs qui ne savent pas souffrir, les cerveaux qui ne savent pas penser, peuvent se passer de religion, les autres ne le peuvent point. Malheur à qui en est réduit à affronter, sur la foi d'un doute, les menaçantes incertitudes de la mort et celles de la vie !

Reste paysan ! l'agriculture étant le premier des arts, le paysan est le premier des ouvriers.

Reste paysan, l'homme est une personnalité bornée : plus il s'étend, plus il s'infélicite ; plus il s'élève, plus il donne de prise aux coups du sort. Près du sol, on ressent à peine la tourmente ; près du sol, est la chaleur au printemps, la rosée en été ; près du sol est la vie. Comme la plante, à mesure que nous nous élevons, nous rencontrons moins l'abri.

Reste paysan, et que tes enfants restent paysans à ton exemple. Élève-les dans la condition où pourra les guider ton expérience ; en les faisant plus grands que toi, tu leur rendrais le respect filial à tout le moins difficile. Mieux vaut être de race en son métier, que parvenu dans un autre.

Ne renonce pas, pour un français piteux, à ton patois imagé, que tu parles à grand renfort de proverbes. Demeure au pays, puisque là tout t'est bienveillant, et que, pour la satisfaction des intérêts et des penchants de ton cœur, il n'y a pas mieux.

N'est-ce pas ton champ qui te procurera, sûrement et à court terme, ce que chacun de nous attend de la carrière qu'il fournit : l'avancement? Cet avancement te sera donné par ton clos lui-même, qui, d'année en année mieux façonné, mieux amendé, te rendra davantage. Un lieutenant qui passe capitaine, un propriétaire qui de cent mesures de grains passe à deux cents, c'est tout un : ils ont haussé de grade l'un et l'autre.

Et, de profits en profits, quel orgueil pour toi si tu peux en venir à mettre sur ton domaine un vaillant attelage, qui en sera l'âme puissante! si tu peux en venir à labourer, avec des bœufs à toi, le champ dont tu es le maître; à te sentir enveloppé dans la tiédeur que laisse leur grand corps après eux; à les voir cheminer côte à côte, unis en leur amitié ouvrière, et sacerdotalement coiffés des bandelettes et du bandeau! Pendant que leur front rend avec douceur tant de force, tu sens frémir dans ta main le mancheron du soc docile à ta volonté... Pauvres grands moutons! comme ils te sont soumis; bons durant leur vie, bons après leur mort; ils nous donnent d'abord le pain qui nous nourrit, et ils finissent par se donner eux-mêmes!...

Et puis, considération suprême, en quittant cette heureuse condition du travailleur de terre, tu perdrais, et beaucoup, de ta valeur morale; car il y a plus de moralité dans la paysannerie que dans toute autre classe sociale. Cela fut vrai toujours, cela est vrai partout : les voyageurs qui visitent, soit l'Asie, où tout est caduc, soit l'Afrique, où tout est barbare, n'y rencontrent de bon, d'honnête, de méritant, que le seul paysan ; tous le proclament à l'envi.

Le paysan ne saurait être mauvais nulle part, vu qu'il subit en tous lieux la même influence, qui est l'influence du sol même.

Aussi es-tu, dans l'État, d'une importance capitale, puisque en ton cœur se trouve comme le dépôt des vertus publiques. Ton importance est appelée à grandir encore, grâce au suffrage universel, qui met aux mains du paysan l'élection du souverain et de l'assemblée. Ce sont les campagnes qui font les élections ce qu'elles sont, et l'on peut dire qu'égalant en prépondérance l'antique papauté, le paysan donne seul, aujourd'hui, l'investiture des royaumes.

La paysannerie, quand on voudra, pourra s'appeler : *La rustocratie.*

Et ce que je souhaiterais avant tout à mon pays, ce serait une démocratie basée, non sur l'ouvrier qui n'est pas un point d'appui, puisqu'il est nomade ; mais sur le paysan, qui est une base, puisqu'il est stable, stable comme le terrain auquel son labeur l'attache. Il ne saurait y avoir pour la société de meilleure assise.

Ah! que les chefs d'empire seraient sages, qu'ils seraient bienfaisants, s'ils en pouvaient venir à lutter entre eux à qui aurait le plus de paysans, comme ils luttent à qui aura le plus de soldats! s'ils en pouvaient venir à tirer de leurs sujets, non du sang pour la guerre, mais de la sueur pour le travail, cette sueur que le rustre donne si volontiers!

Hélas! rêve que tout cela, et, tant qu'à rêver, rêvons le possible.

Pour moi, le dirais-je, j'ai maintes fois rêvé d'être né paysan afin de posséder un champ assez petit pour le façonner moi-même, et pour y vivre heureux ainsi qu'en un jardin. Plus le domaine est restreint plus il occupe. J'y aurais voulu un tertre pour la vigne, une combe pour le pré, un ravin pour l'étang, un peu de bois pour l'ombre, et, si ce n'est là trop de biens, une source diligente et fine, avec une haie sauvage pour enclore la paix en ce cher paradis.

J'aurais voulu être paysan pour goûter, après un rude labeur, le savoureux repos qui suit l'excessive fatigue ; alors qu'à la moindre bouchée de pain, à la moindre gorgée de vin, on sent la force remonter aux reins et se partager en tous les membres, comme un courant de jeunesse et de vie. Il y a là un reflux de vigueur, connu seulement des vaillants et des forts, et qui les exalte jusqu'à l'enivrement.

J'aurais voulu être paysan pour ne dépendre que

de la terre seule : qui a affaire aux hommes subit force mécomptes; avec la terre, on est toujours payé de retour; elle n'est ni ingrate, ni hostile, étant presque notre chair; on dirait qu'elle aime l'homme, et comment ne l'aimerait-elle pas, puisqu'elle le nourrit de sa substance même, et puisqu'il est le fils de son antique limon?

Ami paysan, j'ai fait ce livre inspiré par ma sympathie pour toi, comme tant d'autres prennent la plume à l'instigation du mauvais vouloir qu'ils te portent. L'amour conseillant mieux que la haine, je dois être plus vrai qu'eux.

J'entre, le premier, dans une bonne voie, j'y serai suivi. Ce livre, je le pressens, court hasard de n'être pas goûté; car je l'ai tellement identifié à toi, qu'il pourrait bien être, à l'égard du public, ce que tu es toi-même : déplaisant. Une considération pourtant devrait me rassurer, c'est que je m'appuie ici sur la justice, qui est tout ce qu'il y a de meilleur en l'homme, et de plus fort en Dieu.

On pourra reprocher à ces pages, que sais-je? trop d'apprêt peut-être; car nous autres, gens de campagne, nous avons le défaut, en écrivant, de trop endimancher nos idées; mais le fond de ce livre, que pourra-t-on lui reprocher?

Que demandé-je, en définitive, pour toi? je demande que, loin de combattre ton élévation à la

possession fragmentaire du sol, on y applaudisse,
on l'encourage; je demande que les enfants jetés
au tour de l'hospice te soient remis, pour être pay-
sannisés sous toi; je demande que l'autorité du chef
de famille soit restaurée en ta personne; je demande
enfin, qu'on ne t'interdise plus ce plaisir de la
chasse, qui est si fort à ta portée, et vers lequel tu
es si fort porté. Je demande pour toi la plus naturelle des libertés : celle de t'approprier à l'occasion
l'oiseau des airs, le lièvre des garigues, le lapin des
broussailles, lesquels n'appartiennent à personne,
puisque c'est là le menu bétail au bon Dieu, qui
seul en prend souci. Je demande qu'on te laisse
chasser aux piéges : tu es enfant, ce plaisir d'enfant
te revient.

Je voudrais pouvoir te conserver à tout le moins
ces haies, qui sont tiennes à plus d'un titre, et qui,
non plus que les chemins, ne donnent pas de récoltes. Là, est ton pauvre chauffage, là est ton abri
contre le vent, le soleil et la pluie; là mûrit, pour
ta boisson d'août, la prunelle et la cornouille; là,
les premières amours eurent leur nid furtif.

Pour te venir en aide, tu le vois, je fais de mon
mieux; et, quoi qu'il arrive, te voilà un premier
ami, ce premier ami si difficile à acquérir, parce qu'on
n'en a pas un autre qui puisse lui servir d'appelant.
C'est comme à la chasse aux pantières, quand on y

va sans appeau : tu sais ce qu'il en coûte pour attraper le premier oiselet; mais, lorsqu'on le tient
une fois, et qu'on peut l'attacher dans ses filets, il
en attire bien vite d'autres, et voilà la chasse en bon
train.

Adieu.

LA CHASSE

ET

LE PAYSAN

I

LE PAYSAN

L'agriculture n'a qu'un cri : Des paysans, des paysans, ah ! si j'avais assez de paysans !

Seul, en effet, le paysan peut tirer de son inertie ce sol dont il est l'âme, ce sol que lui seul peut féconder à cause que lui seul peut l'aimer. Le voyez-vous caressant du regard une pauvre motte d'argile, la prenant dans sa main pour l'entr'ouvrir avec intérêt, l'émietter avec discernement, la léviger avec amour, l'apprécier enfin en connaisseur, en virtuose!

La terre, c'est son instrument, l'instrument dont il joue, car il est artiste tout comme un autre, plus qu'un autre, vu qu'il produit bien davantage, et l'homme ne saurait produire sans une certaine flamme, l'homme et même la brute.

Savez-vous pourquoi les petits oiseaux chantent au printemps? C'est qu'ils sont amoureux, direz-vous; mais ce n'est pas cela : ils chantent parce qu'ils sont artistes en bâtissant leur nid. Créer un tel chef-d'œuvre de proportions et de grâce les ravit; ils chantent de joie, ils chantent d'orgueil de se sentir architectes.

Pour le paysan, faire naître, grandir, fleurir et fructifier une récolte ; faire sortir de terre, en quelques mois, des gerbes à plein chariot, des grappes à plein cuvier, est un plaisir de poëte s'il en fut; il n'est pas donné à l'homme, en ce monde, de créer plus que cela.

Quant à moi, je vais jusqu'à voir quelque chose d'auguste dans ce rôle du paysan, qui prend, sur le sein de la terre, les biens variés dont elle nous nourrit et les distribue à tous les hommes. Tel, dans Homère, le sacrificateur antique, prenant les viandes sur l'autel, les servait aux héros et aux assemblées.

Le mal dont souffre aujourd'hui l'agriculture, c'est le défaut de paysans, dont l'effectif va décroissant comme celui d'une armée qui perd goût au métier.

Ces désertions tiennent à bien des causes que nous allons tâcher d'énumérer dans cet écrit.

Disons, en commençant, qu'il n'est pas facile, à une époque où tous aspirent à s'élever, où les carrières sociales sont si fort en vue et si fort accessibles, de retenir le paysan dans la condition où il est né, alors que les voix de l'opinion lui crient, à l'envi, que cette condition est inférieure à toutes les autres.

Un livre serait utile qui relèverait cette profession du travailleur de terre, non pas dans l'esprit du paysan, un livre n'arrivant point jusqu'à lui, mais dans l'esprit de tous ceux qui la déprécient.

Ce livre, bien ou mal venu, le voici.

Certes, nous ne sommes pas justes à l'égard du paysan. De tous côtés s'élève contre lui un concert d'invectives. Le romancier, le dramaturge, le publiciste, le représentent comme le type du dol et de l'astuce. Le peuple des villes le méprise au point de faire de son nom une injure ; le propriétaire rural ne voit le plus souvent en lui qu'une sorte d'ennemi intime ; et, pour prendre la chose de loin, le doux Virgile lui-même, en des vers dont la beauté éternisera le dommage, le qualifie de barbare, de cupide et de cruel.

Cette hostilité de l'opinion n'est pas un mauvais indice ; elle ressort évidemment d'un sentiment d'envie plutôt que de pitié.

Mais ces accusations ne sont pas fondées : elles le seraient qu'il ne faudrait pas le dire, de peur de dégoûter de la partie ceux qu'elles incriminent ; car il est d'un intérêt public que ceux qui sont nés paysans consentent à demeurer paysans, résultat qu'on ne saurait obtenir en jetant le discrédit sur la paysannerie.

Les empires, que l'on y songe, les empires finissent faute de paysans.

C'est à cette portion du peuple que toute nation demande la force et la vie, c'est par elle qu'elle se met en communication avec le sol même du pays.

Cette plèbe rurale, si nécessaire à l'État, ne l'est pas moins aux particuliers. Le capitaine long-courrier qui, touchant à une plage aurifère, se trouve tout à coup seul, sur son navire abandonné, n'est guère plus au dépourvu que le maître d'un bien-fonds auquel la cité prochaine enlève, petit à petit, tout son monde.

Or, remarquons-le, cette utile classe du paysan offre cela de particulier de ne pouvoir se recruter en dehors d'elle-même. Il n'en est pas de même des autres catégories sociales : quand, par exemple, un bourgeois devient gentilhomme, — financièrement parlant, — il peut être remplacé

1.

par un artisan qui passera bourgeois; et cet artisan lui-même pourra voir combler le vide qu'il aura laissé par le paysan, lequel, haussé d'un cran, devient artisan; mais le paysan, cessant d'être paysan, qui le remplacera? Il n'y a au-dessous nulle catégorie où puiser, et cet ordre s'appauvrit indéfiniment, sans aucune compensation possible.

C'est la seule classe par conséquent où il ne saurait exister de parvenus : de là un caractère pur, une homogénéité, qu'on ne trouverait pas dans les autres catégories, où les nouveau-venus font à tout le moins disparate.

Le gentilhomme peut offrir des dehors bourgeois, le bourgeois des façons rustiques, le paysan ne peut être que le paysan.

Cette dernière considération n'a pas une très-grande importance, je le reconnais; ce qui en a davantage ce sont les qualités morales.

Vivant loin du luxe, époux et père de très-bonne heure, le paysan nous présente une notable régularité de vie. Il en fut toujours ainsi :

Tacite, dans les *Mœurs des Germains*, dépeint des mœurs rurales.

Deux choses tendent beaucoup à le moraliser: un ouvrage ininterrompu, et son avénement à la possession du sol.

Ce qui perd le travailleur des banlieues et des villes, ce qui perd l'ouvrier citadin, c'est l'intermittence du travail, qui vient ajouter, pour lui, aux entraînements de la misère, ceux de l'oisiveté.

Le paysan, lui, ne connaît pas de chômages: sa grande usine, développée d'un horizon à l'autre, avec le ciel pour toiture, sa grande usine va toujours, et sans redouter l'encombrement. Le moteur puissant qui met là tout en marche, sans houille ni courroies, le soleil ne *stoppe* jamais.

De cette occupation constante d'un travailleur, obligé de suivre le pas infatigable de l'année, résulte une importante amélioration morale. Dans ces journées si bien remplies, pas un interstice, pour ainsi dire, où puisse se caser un vice quelconque. Son nom du reste résume tout cela : on l'appelle journalier (*quotidianus*), parce que tous les jours, pour lui, sont des jours de travail.

Une autre cause d'amélioration pour le paysan, c'est l'espèce de métamorphose qu'il subit en passant à la possession de la terre. Il y a là un véritable anoblissement. Ne toucher au sol que d'une main mercenaire, comme le Nubien aux épouses de son maître, ou bien posséder ce sol en toute licence, quel changement ! Le castrat redevient homme. Ce champ lui appartient : lui seul a le droit d'y vivre ; il y commande, il y règne, il y sème, il y moissonne ; le voilà souverain tout au complet.

Je crois que pour apprécier l'effet d'une pareille transformation sur un pauvre homme de peine, il faudrait y avoir passé ; il faudrait avoir ressenti, dans sa chair, la différence qu'il y a entre bêcher le champ d'autrui ou le sien.

Au surplus, il est si vrai que la possession de la terre anoblit, que tout nom de gentilhomme fut un nom de terre, au temps jadis.

Or, ce puissant moyen de moralisation pour le paysan, il agit sur une vaste échelle, comme chacun sait. Le morcellement est une trop bonne opération pour qu'un vendeur s'en prive. On dirait, à voir la quantité de propriétés qui vont se divisant et se subdivisant, on dirait la mise en vigueur d'une loi agraire; et une loi agraire ne ferait pas si bien; avec elle, les parcelles n'iraient pas, comme elles font, au plus digne : à celui qui a su se créer un pécule, en combinant le travail et l'épargne.

Qu'il lui a fallu de qualités d'ordre et d'économie, à cet homme de journée, pour amasser, avec une application qu'égale à peine celle du collectionneur, ce premier sac de cent pistoles, dont l'acquisition est bien certainement le plus difficile problème que l'activité humaine puisse se proposer !

Une fois propriétaire, le paysan s'amende et se perfectionne encore. Si la fortune mobilière fait perdre à l'individu de sa valeur morale en le rendant plus ou moins nomade, la fortune immobilière, au contraire, et surtout la petite, fixant le propriétaire, le force à devenir meilleur, par le besoin d'acquérir de la considération autour de soi.

Cette considération, il s'en montre digne assez généralement, sauf, de loin en loin, quelques cas de mauvaise finesse, ressortissant à sa situation plutôt qu'à son naturel. Car, à peine en possession de cette parcelle tant désirée, le pauvre manouvrier, qui le plus souvent ne sait pas même lire, a besoin de la défendre contre le grimoire du tabellion, contre un fouillis d'articles de loi, dont la concordance produit parfois les résultantes les plus inattendues ; contre les minorités, les incapacités, la dotalité et les reprises de toutes sortes. En présence de cet inépuisable arsenal de la chicane, le paysan, qui ne sent que deux choses : sa profonde ignorance du droit, et son profond amour pour son bien, n'est-il pas excusable de biaiser quelque peu dans le sens de la ruse, et, que sais-je, de l'astuce ? Je le demande à tous ceux qui portent un cœur vraiment agricole.

Du reste, et c'est là une bonne note, le paysan paye mieux qu'homme de France. Vendez un immeuble, divisez-le entre trente, quarante paysans, tous payeront en perfection. Qu'il se trouve, parmi, un seul *monsieur*, oh ! celui-là payera tout autrement, soyez-en bien assuré.

Or, une classe de gens, qui, fidèle aux contrats, devance le plus souvent les échéances, et cela au prix des plus rudes sacrifices, tirant, comme on dit, des lettres de change sur son estomac, cette classe n'est pas indigne d'estime, il faut en convenir : elle sait se plier au devoir, elle se respecte, elle doit avoir de la fierté.

On dit encore : Le paysan est routinier, il fait à tout progrès une opposition stupide.

Ah ! ne confondons pas, je vous prie, l'engouement pour tout ce qui est seulement nouveau, avec le goût du progrès vrai, du perfectionnement réel ! Comment répugnerait-il au progrès, celui qui a tant progressé, celui qui, de valet de la terre, est devenu maître et seigneur de la terre !

Mais le paysan voit, autour de lui, tant d'innovations, dans la manière de cultiver, ne rien produire de bon, qu'il lui est bien permis, à lui, l'être pratique et l'être ignorant, de se tenir en garde contre tout ce qui n'a pas subi l'épreuve du temps. Il laisse faire les expériences, et quand elles ont rempli leur programme, il les adopte à bon escient.

Je ne voudrais rien dire de désobligeant pour les grands tenanciers territoriaux, qui, se mettant, avec intrépidité, à la tête du mouvement agronomique, effectuent, à tout risque, d'importants essais, tels que labourage à vapeur, acclimatation de bestiaux, irrigations tubulaires, fourrages à leur premier début, etc., etc. Ces messieurs échouent si souvent, qu'on ne saurait leur savoir trop de gré de leurs tentatives. Ils sont riches, pour la plupart, ils peuvent jouer gros jeu. Disons que ces *plaies d'argent*, gagnées sur le champ d'honneur agricole, sont pour eux de nobles blessures.

Loin de reprocher au paysan de répugner à

ces entreprises peu sûres, nous devrions lui tenir compte de sa résistance : elle sert de modérateur, dans nos campagnes, à ceux qui sont toujours follement portés à se jeter trop en avant.

Au surplus, le paysan, jusqu'ici, ne s'est pas mal trouvé de sa très-grande discrétion à innover, et la preuve, c'est qu'en tout ce qu'il effectue il réussit infailliblement : faisant porter deux mesures de grain au sillon qui n'en donnait qu'une, forçant la vigne, qui ne couvrait pas ses frais de culture, à payer en peu d'années le terrain même où elle vit.

Considérez ce qui a lieu, lorsqu'une vaste terre passe, en vertu du morcellement, des mains d'un seul propriétaire, dans celle de plusieurs petits possesseurs : quel accroissement subit de produit ! quelles cultures appropriées ! Comme instinctivement le paysan adopte celle des différentes productions de la localité qui rapporte le plus ! Sous sa pioche, enchantée, les chaumes disparaissent ; tout est épierré, émotté, échardonné ; les bordures sont brouettées au milieu du champ, lequel devient convexe de concave qu'il était.

C'est que, continuellement en contact avec ce sol, que foulent à cru ses pieds déchaux, il connaît le tempéramment de la terre comme le sien propre ; il discerne ses aptitudes, ses besoins, et peut dire comment elle répond à telle ou telle attaque, pour parler à la façon des écuyers.

Loin donc de prendre les paysans pour gens atteints et convaincus d'obscurantisme agronomique, proclamons-les nos maîtres dans l'art si complexe de cultiver.

Heureux, trois fois heureux, le possesseur d'un grand héritage s'il a su s'attacher un paysan honnête homme, qui en prenne l'exploitation à cœur ! Ce sont là les bons intendants. Ceux qui en choisissent d'autres auront lieu de regretter de n'avoir pas pris le régisseur de leur domaine là où l'infortuné Georges Dandin regrette si fort de n'avoir pas su prendre femme : *en franche paysannerie*.

On aura beau et surfumer et surnourrir, il y a tant d'influences diverses à équilibrer en agriculture, que celui-là seul pourra opérer à coup sûr qui a participé, depuis son bas âge, à tous les travaux de l'année, et en a constaté sans interruption les résultats.

Et notez que le paysan, si capable, si entendu dans la localité où il a grandi, n'est plus le même une fois dépaysé. Otez-le de son endroit, transplantez-le dans une autre contrée, ce n'est plus l'homme du pays, ce n'est plus le paysan. En le dépaysant, passez-moi le mot, on le dépaysannise.

Quand l'acquéreur d'un domaine aborde une région nouvelle pour lui, rien ne saurait lui être plus avantageux que de se renseigner auprès d'un vieux travailleur rustique. Il n'existe point, pour son inexpérience, de plus sûr guide. Certes, celui qui débute dans la gérance d'une terre a grand besoin de bons avis : qu'il prenne le directeur que je lui recommande, et, ce faisant, il aura pourvu à tout.

Ce vétéran de la glèbe sait au juste ce qui convient à ce terrain qu'il étudie depuis cinquante ans, avec une clairvoyance qu'a sans cesse aiguisée son intérêt. Il connaît, en vieux sorcier qu'il est, l'effet de la moindre influence : ce que peuvent, par exemple, pour la végétation du printemps, les pluies d'orages, si efficaces, et, pour celle de l'été, les bonnes ou les mauvaises rosées.

Que l'on me permette, pour plus de clarté, un court rapprochement.

Parfois, à la campagne, les jours de pluie, nos filles ou nos nièces, n'ayant rien à faire de mieux, ouvrent un livre de cuisine, et se mettent à confectionner, à la male heure le plus souvent, quelque plat inusité. D'habitude c'est à l'omelette soufflée qu'on s'attaque, ce n'est pas long et c'est très-joli.

Les voilà donc en train; tout est pesé, dosé avec une extrême rigueur. On ne marche que la montre et la balance à la main. On sert enfin, tout courant, et voilà qu'au lieu du triomphant entremets, s'abat sur notre table une indigne fouace.

Triste produit des plus louables efforts ! Ces chères petites s'étaient pourtant bien appliquées : elles avaient suivi le livre à la lettre ; le nombre d'œufs y était, et des plus frais ; la neige était à point ; la cuisson n'a pas outre-passé le temps voulu d'une seconde... que fallait-il de plus ?

Il fallait de plus être cuisinier.

De même, dans les choses agricoles, vous avez façonné le mieux du monde ; vos fumures ont été généreuses ; vous nourrissez, et dans l'abondance, un copieux bétail ; votre activité ne s'est aucun jour ralentie, ni votre résidence interrompue, et tout cela se traduit par zéro au quotient, au bout de l'année... qui fallait-il donc de plus ?

Il fallait de plus être cultivateur, c'est-à-dire paysan.

Voyez plutôt, auprès de vous, le lopin de terre que cultive ce rustaud d'un air recueilli. Il fait ses frais, celui-là, il a du bénéfice. Supputez un peu, pour voir, combien cela ferait si tout votre terrain avait rendu à proportion de ce que rend sa parcelle. Il possède à peine un hectare, vous en avez cent, peut-être mille, et vous voilà peu s'en faut ruiné, tandis que lui, le parcellaire, il achète tous les cinq ans, sinon plus tôt, un arpent de terre ou deux.

Si vous m'en croyez, ne dédaignez pas de visiter cet humble voisin, et tâchez de faire parler ce taciturne. Vous n'y parviendrez point tout d'abord, surtout si vous ne parlez pas son patois ; mais à force de revenir à la charge, et en ayant soin de donner à ses cultures les louanges qu'il faut, vous finirez par en tirer de bons avis ; il causera même volontiers avec vous, tout en dépêchant sa besogne. Il vous instruira, il vous touchera peut-être, quand vous l'entendrez regretter ses vingt ans, parce que c'est l'âge où l'on peut travailler dur et peiner fort ; bien différent de ces indignes vieillards qui ne regrettent, du bel âge, que la faculté d'abuser de tous les plaisirs.

D'ailleurs, si nous aimons l'agriculture, nous

devons nous complaire aux entretiens d'un homme atteint du même amour. La tendresse du paysan pour son bien est extrême : il aime la terre, il l'aime pour le bon motif, pour la fertiliser.

Mais si ce n'est la sympathie, que ce soit du moins la compassion qui nous rapproche de celui qui produit les denrées dont nous vivons, qui les enfante dans la douleur ; car c'est de son front que découle ce fleuve de sueurs humaines qu'absorbent, chaque année, nos vignobles et nos guérets.

En juin, en juillet et en août, durant des journées de dix-huit heures, le paysan effectue les plus pénibles travaux. Quand les attelages eux-mêmes ne peuvent rester exposés à la violence du soleil, il est là, faucille en main, au milieu des blés mûrs, penché sur ce sol ardent, qui lui reverbère au visage un feu terrible. On rentre le bétail, quand la chaleur est trop forte, on ne rentre jamais le paysan. Il ne se plaint pas cependant, loin de là, il est joyeux : regrettant, dit-il, qu'il n'y ait pas deux ou trois récoltes pareilles à recueillir, chaque année, au lieu d'une seule. Une sorte de rut agricole l'enfièvre, et lui fait supporter sans défaillance de tels labeurs.

Encore s'il prenait une nourriture suffisamment réparatrice, mais le plus souvent, pour son ardente soif, quelque piquette tournée, et, pour tout assaisonnement à son pain, la façon d'en équarrir, avec son couteau, les bouchées !

Son aspect dit ses souffrances : ses reins sont arqués ; sa face est corrodée par les sueurs ; ses mains, — ces belles mains humaines qui devraient être fines et souples comme des lèvres, puisqu'elles parlent, elles aussi, — ses mains racornies ne s'entr'ouvrent qu'à grand'peine, tout juste assez pour donner passage à la poignée de l'outil.

Quand ces pauvres travailleurs sont une fois lancés, durant la journée, ils vont encore et vaillamment ; mais, chaque matin, à l'heure où l'estomac défaille sous l'influence écœurante de l'aube, pour remettre en jeu leurs muscles endoloris, les premiers efforts, — j'en fus souvent témoin, — leur arrachent des cris et des gémissements.

Que de fois je les ai vus, les tâcherons de nos vignobles, le soir, à l'heure *quittatoire*, s'appuyer, à bout de forces, d'une main au manche du hoyau, et, de l'autre, se prendre à un échalas, et rester quelque temps ainsi étayés, pantelants, hors d'haleine, avant de pouvoir s'acheminer vers leur pauvre toit, tant ils étaient anéantis!

Qu'est la peine de l'ouvrier qui travaille, tout enchambré, et tout assis, dans un atelier ou dans une manufacture, auprès de celle du terrassier, sur le dos duquel la chemise ne sèche pas de tout l'été, et qui, l'hiver, piochant éperdument, rend la vapeur par la bouche, comme un bœuf, et fume de l'échine, comme un cheval!

Ah! il faut rendre justice au paysan, il faut l'aimer, il faut l'estimer! Si nous l'aimons, il viendra à nous; si nous l'estimons, notre estime le relevant à ses propres yeux, il deviendra meilleur encore.

Avec un peu de bon vouloir de notre part, les campagnes où tout lui est natal, lui agréeraient bien mieux que les villes où il se sent toujours un peu *gabache*, et jamais il n'émigrerait ; mais bien différents des cités qui mettent tout en œuvre pour se faire bien venir de leurs hôtes, les villages ne font rien pour s'attacher ceux qui les habitent.

Au surplus, sachons bien une chose, c'est que nous sommes beaucoup plus exigeants, beaucoup plus durs envers nos inférieurs, que ne l'étaient nos pères d'avant 89. L'égalité, quelque étrange que cela paraisse, l'égalité a tué la fraternité. Le maître affable n'existe plus.

Celui qui est au-dessus des autres en vertu d'un droit universellement accepté, n'a nul besoin de faire sentir, dans ses manières, cette supériorité ; mais, lorsque l'égalité est en vigueur, ceux qui se voient placés au-dessus de leurs concitoyens par leur fortune, leur position, leur mérite, sont très-portés à faire reconnaître cette supériorité, et usent pour cela d'une grande hauteur.

La dureté des démocraties envers les basses classes est notoire. Témoin les ilotes, les esclaves de l'antiquité; témoin, aux États-Unis, le pauvre sang-mêlé. Ne sont-ce pas ces excellents yankees qui ont imaginé les sorties à reculons, pour l'usage des inférieurs, lesquelles ne sont ni moins incommodes, ni moins contre nature que la marche sur les coudes et sur les genoux des Siamois?

Le maître d'aujourd'hui est cent fois plus inhumain pour ses subordonnés que ne l'était le maître d'autrefois, dont l'autorité s'imposait le plus bénignement du monde. La noblesse était grande dans ses rapports avec sa domesticité : lui passant une notable familiarité, née d'un long service; la laissant très-libre et ne se mêlant personnellement d'aucuns de ces menus détails du service, si chers aux bourgeois de nos jours, qui font, chaque matin, le compte de leur cuisinière, et vont découvrir le pot-au-feu, pour regarder dedans. Le gentilhomme n'entrait pas une fois, en sa vie, dans la cuisine, l'office lui était un lieu inconnu, un lieu où ses serviteurs se sentaient parfaitement chez eux, y recevant des visites, y traitant leurs amis, sans que leurs maîtres en sussent rien, ni n'en voulussent rien savoir.

Ceux qui virent ces mœurs me les ont dépeintes bien des fois.

De là venait que les enfants, très-sévèrement élevés, aimaient tant la cuisine : elle leur offrait un refuge assuré contre l'œil de leurs parents ; ils y mangeaient ce qu'ils voulaient, licence dont ils étaient loin de jouir à la table de famille.

Aussi, quand vinrent, pour la noblesse de France, les mauvais jours, quand vint la Terreur, cette bonté dans le commandement porta ses fruits, et, chose bien remarquable, il n'y eut pas un maître qui ne trouvât, parmi ses gens, des cœurs dévoués, et dévoués jusqu'à la mort.

S'il nous fallait aujourd'hui passer par les mê-

mes épreuves, croyez-vous que beaucoup de maîtres rencontreraient, dans leurs serviteurs, des
personnes disposées à risquer, pour l'amour
d'eux, leur liberté et leur vie? Si nous étions jetés dans les cachots, nos paysans viendraient-ils,
au risque de l'échafaud, nous y apporter des
messages clandestins? et si nous étions mis à
mort, nos domestiques prendraient-ils soin de
nos biens et de nos enfants, toujours au risque de
ce même échafaud? Non, non, nous ne nous
sommes pas fait aimer à ce point-là !

Je me rappelle avoir vu, dans mon enfance,
un de ces courageux paysans, protecteurs de
leurs maîtres ; je me souviens d'une entrevue
entre mon grand-père et un métayer à lui, qui
l'avait visité dans sa prison, et avait recueilli ses
sept petits enfants, qu'il nourrissait du blé caché dans des fagotières : tous actes passibles, en
leur temps, du dernier supplice.

Cette entrevue, qui me sera toujours présente,
fut caractéristique en ceci, que chacun y conserva
son rang social. Le gentilhomme n'eut pas à

descendre pour se montrer reconnaissant, le paysan n'eut pas besoin de s'élever pour se trouver récompensé. L'obligé fut toujours le maître, le bienfaiteur ne cessa pas d'être le domestique. Ils étaient cependant bien attendris : mon grand-père pleurait ostensiblement, le métayer dérobait ses larmes de son mieux. Certes, leurs cœurs ne souffraient nullement de la distance que mettait entre eux la différence de conditions ; ils comprenaient bien qu'il y avait un terrain sur lequel, le supérieur, c'était le paysan, et ne pas le faire sentir était encore une partie de la vertu de cet homme de bien.

Ah ! que le paysan nous serait dévoué si nous savions nous l'attacher, car il est aimant !

Pour nous l'attacher, il faudrait chercher à lui complaire, en le laissant jouir de la campagne à sa façon. Nous allons jusqu'à lui défendre de cueillir l'oronge qui naît dans notre bois, de ramasser la morille qui pousse dans notre pré, de prendre le goujon qui frétille dans notre cours d'eau.

Nous empêchons le paysan de chasser, peut-être agirions-nous tout autrement, si nous nous rendions bien compte de ce qu'est cette récréation champêtre.

II

LA CHASSE

Efforçons-nous de définir ce plaisir de la chasse dont l'attrait, sur le cœur de l'homme, depuis l'Eden, n'a pas varié.

Je dis le plaisir et je devrais dire la passion, car c'en est une, et des plus caractérisées.

Une passion qui va jusqu'à l'emporter sur celle de l'amour : témoin le vieux mythe qui nous montre, chez Hippolyte et chez Diane, l'ardeur à chasser domptant l'ardeur à aimer, dans le sein du jeune homme, et même de la jeune déesse.

On peut dire de la chasse que c'est l'exercice qui s'adapte le mieux aux goûts de l'homme, à ses instincts. Il est de tous les temps dans la vie. Bien différente des autres penchants du cœur, qui ont, pour ainsi parler, leur saison, la chasse convient à tous les âges; elle captive l'enfant, ce chasseur de haies; ainsi que le vieillard, ce chasseur de plaines ; elle captive l'homme sérieux et mûr, qu'elle entraîne follement, à la suite de quelque chétive bestiole , par monts et par vaux.

C'est le divertissement obligé dans toutes les conditions de l'existence : la chasse réjouit le plus petit pâtre, elle réjouit aussi le plus puissant monarque. C'est un plaisir mâle, qui fortifie l'homme matériel par l'action, et l'homme moral par la fatigue et parfois le péril. Il aiguise l'esprit, en le rendant fécond en ruses et contre-ruses. On peut dire de lui qu'il nourrit le corps et l'âme, et même, en considérant que cette récréation atteint le double but de fournir à la nourriture de l'homme et à son amusement, on est amené à voir, dans la chasse, ce quelque chose de divin que le comte de Maistre voyait dans la guerre.

La chasse, au surplus, ressemble à la guerre; mais à une guerre de plaisance, où tous les périls sont d'un côté et tous les profits de l'autre; par quoi il n'est si timide cœur qui n'y soit propre.

Si nous cherchons à nous rendre compte de ce goût général, nous y trouvons plusieurs causes: en premier lieu, la chasse est une course à travers les champs, en quoi elle tient de la promenade; secondement, c'est une opération aléatoire en quoi elle donne les émotions du jeu; puis enfin, c'est une préparation à la bonne chère, par où elle touche à la gastronomie. Il n'est pas jusqu'au droit de vie et de mort qu'on y exerce, qui n'aille au cœur du chasseur, auquel il fait sentir les satisfactions d'une certaine domination et d'une certaine cruauté. Par-dessus tout cela, il y a dans la chasse un savoureux mélange d'espoir et d'orgueil : l'espoir d'un beau coup de feu, et d'une prise rare, l'orgueil de paraître bon chasseur aux yeux de tous, quand, au retour, on traverse hameaux et villages, d'un pas tardif, avec un lièvre au flanc, ou des perdreaux plein une carnassière.

Les passions du jeu, de l'avarice, de l'ambition, de l'amour, de l'ivrognerie même, asservissent les deux sexes : la passion de la chasse, ne s'adressant qu'à l'homme seul, est d'autant plus forte en lui, qu'elle lui est plus propre, plus exclusive.

Les satisfactions de la bonne chère et du vin sont plus recherchées dans le Nord, celles de la volupté dans le Midi ; le plaisir de chasser est de tous les climats.

Elle est si forte, cette passion, qu'elle a eu ses martyrs. Au moyen âge, tout braconnier était puni de mort ; et cette pénalité terrible, qui témoignait à la fois de l'amour pour la chasse, et de ceux qui punissaient ainsi, et de ceux qui étaient punis, était fréquemment encourue. Il y allait de la vie, il y allait des plus affreux supplices, et le manant chassait toujours.

Quand le Créateur mit sur cette terre le premier homme, il dut imprimer en lui deux passions : celle de l'amour, pour assurer la conservation de l'espèce; celle de la chasse pour assurer la conservation de l'individu ; car l'homme a commencé par vivre de gibier, seule nourriture qui, pour lui, se trouvât en toute saison ; seule récolte qui, pour lui, fut toujours pendante; il a dû être chasseur bien avant d'être laboureur, l'un de ces états étant moins compliqué de beaucoup que l'autre.

Comment s'étonner après cela des racines profondes qu'a conservées, en notre cœur adouci, ce plaisir barbare et sauvage? il est le plaisir originel de l'humanité.

Les autres récréations champêtres, telles qu'audition des oiseaux, contemplation des fleurs, aspiration des brises, etc., etc., ne conviennent qu'à de rares amateurs, moins campagnards que citadins, tandis que le plaisir de la chasse est le passe-temps rustique par excellence.

Aussi personne n'aime-t-il la chasse comme le paysan. Giboyer est pour ainsi dire son seul divertissement. Il chasse le jour, il chasse la nuit, et tout lui est instrument de chasse : le crin, le chanvre, l'osier, l'écorce, le bois, le fer, le cuivre, la tuile, le caillou. Voilà un jeune gars qui s'éveille allègrement et se relève bien avant l'aube ; il sort en tapinois de son échoppe, se coule à pas de loup le long des clôtures ; vous diriez, vu l'heure indue et vu son âge, qu'il court vers quelque chape-chute amoureuse, et vous diriez mal, car il va tout uniment chasser.

La Providence a fait pour les campagnes ce que nous faisons pour les villes : elle les a rendues attrayantes le plus possible, et le plus fort attrait qu'elle ait su y mettre se trouve dans le fait de chasser. Maintenant, est-il rationnel d'empêcher le paysan de se livrer à la chasse, quand c'est là sa récréation favorite, la seule que son peu de culture intellectuelle comporte ?

Est-il rationnel, quand nous avons tant besoin de le retenir aux champs, de supprimer pour lui l'unique plaisir que les champs sachent lui offrir; car nous n'attendons pas d'un rustre qu'il se mette à bayer, comme un poétereau, aux papillons et aux fleurettes?

De plus il faut être juste, et se dire que les campagnes appartenant avant tout au paysan, comme la mer au marin, il y est chez lui, et qu'être chez soi donne toujours droit à quelque privilége.

Les favorisés de la fortune, gent oisive, dont l'activité se borne trop souvent à exercer quelque vice, voudraient, lorsqu'ils apparaissent aux champs, en automne, y trouver chaque portée de lièvre et chaque compagnie de perdreaux au grand complet, et que nul n'y eût touché avant eux, pas même celui qui a résidé sans interruption au village, endurant une fatigue aggravée de froid, de chaleur et de pluie. Quel odieux droit du seigneur est-ce là?

Eh quoi! vous avez, vous les beaux fils de la ville,

vous avez les arts et les sciences, les sciences plus attrayantes aujourd'hui que les arts eux-mêmes; vous avez une littérature sans cesse renouvelée; vous avez les chevaux qui donnent honneur et profit; vous avez, pour la galanterie, un effectif illimité, et vous venez disputer, à ce paysan, l'oiseau, le lapin, dont il a faute pour son souper!

On a beaucoup écrit contre le braconnage, et chacun, traitant ce sujet, non d'après ses connaissances en la matière, car qui a braconné d'entre les faiseurs de livres? mais d'après de traditionnelles récriminations, a dû se borner, pour mettre du neuf en son livre, à renchérir sur ceux qui ont été composés avant le sien; de sorte, qu'à chaque réquisitoire nouveau, l'accusation d'elle-même va s'aggravant.

Les choses en étant là, il est opportun, croyons-nous, qu'une personne qui a pratiqué toutes les chasses que l'on reproche au paysan, sous le titre de braconnage, vienne témoigner, en toute connaissance de cause et en toute conscience, de ce que sont ces chasses réprouvées, tant celles aux piéges et à l'affût, que celles de crépuscule et de nuit.

Durant mon adolescence, il y a bien trente ans de cela, toutes les chasses étaient permises, hors celle au fusil : j'ai donc pu les exercer librement, y étant d'ailleurs porté par un goût des plus vifs.

Mais avant d'entrer en matière, qu'il me soit permis de faire connaître les lieux où mon enfance s'est écoulée. Ce détail aura son importance, il montrera que ces chasses, qui, selon moi, sont peu destructrices, ont été pratiquées sur un domaine dont les dispositions et l'étendue étaient des plus propres à les rendre meurtrières autant que possible.

III

LE CHATEAU DE SEIGNEURET

Je dois commencer par remercier le ciel d'être issu de parents possesseurs d'une terre où il m'a été donné de naître et de grandir. C'est là une faveur, selon moi, précieuse, et dont les conséquences s'étendent sur l'existence entière. L'âme aussi bien que le corps se développe mieux à la campagne qu'à la ville ; et il résulte, d'une adolescence passée en pleine nature, un calme d'esprit et une modération de désirs particuliers.

4

N'est-ce pas aux champs que nous apprenons à nous réjouir et à nous contenter de peu ?

Comparez les premières impressions de l'enfant dont l'intelligence, en s'éveillant, ne voit qu'objets riants, au sein d'une nature satisfaite, à celles du petit citadin, qui, naissant en pleine agglomération humaine, est tout d'abord frappé par une promiscuité criante de fortune et de misère, d'envie et de pitié ?

L'opulence rurale choque bien moins que l'opulence urbaine, soit qu'elle rayonne davantage sur un entourage dont l'opinion lui devient indulgente ; soit que, la tirant directement du sol, son heureux possesseur paraisse la tenir moins des hommes que de Dieu.

Voici un propriétaire, maître d'un domaine où il sème et récolte par l'entremise de tout un peuple de travailleurs qu'il soudoie ; ce propriétaire est riche, quoi de plus naturel et comment s'en étonner ? Mais, à l'égard du riche de la ville, ce n'est plus cela : son voisin le plus proche ne se ressent en rien de son abondance, le champ qu'il cultive est un champ invisible ; on ne voit de lui qu'une seule chose, c'est qu'il vit muré dans sa richesse, au sein de l'hôtel, vraie tanière à millions, où il fait orgueilleusement sa demeure.

Mais venons au château de Seigneuret.

Non loin de la ville de Bordeaux, et presque à portée de la vue d'un joli village, appelé le Carbon-Blanc, se trouvent la terre et le manoir de Seigneuret, situés au milieu de la mésopotamie que forme en se divisant la Gironde, et, qu'avec une emphase gasconne, qui sent son terroir, nos pères ont baptisé du nom pompeux « d'Entredeux-Mers. »

C'est dans ce riant séjour que j'ai été nourri, nourri surtout par lui, car il ressort de l'aspect des lieux une nourriture spirituelle pour l'adolescent, lequel, bien plus que l'homme fait, ne vit pas seulement de pain.

Les objets qui s'offrent les premiers à nos facultés naissantes ont sur nous une bien grande influence ; aussi est-ce à juste titre que nous est cher le lieu natal : tout nous y est maternel, parce que tout y a contribué à nous y façonner l'âme et le cœur.

J'ai toujours regretté, pour ma part, que chacune de ces infiniment petites fractions de la surface terrestre qui composent un héritage n'ait pas ses annales propres, où nous pourrions prendre connaissance de son humble histoire, laquelle se borne le plus souvent à une tradition confuse.

Les moindres faits dont fut le théâtre l'étroit terrain qu'il possède, seraient pour le propriétaire rural d'un intérêt sans pareil. Que se passait-il sur ce recoin de terre quand les Romains asservissaient le monde? quand les barbares le couvraient de ruines? quand le moyen âge le couvrait de ténèbres? Quelles races humaines y vivaient aux âges héroïques? à quelles espèces animales avaient-elles succédé?... Savons-nous seulement le nom de celui qui a choisi le site de ce logis où nous vivons? savons nous qui a semé ces garennes, creusé ces viviers, établi ces chemins, où ont dû rouler tant de chariots, divers de forme et d'attelages?

Tout ce qu'il m'a été possible de dérober à la nuit du passé, c'est que Seigneuret dépendait, au temps jadis, de la baronnie de Montferrand, dont les seigneurs, honorés du titre de premiers barons de Guienne, le possédèrent longtemps.

Ces seigneurs avaient pour manoir de guerre le château de Montferrand, aujourd'hui rasé, mais dont les vastes douves se voient encore, en la commune de Bassens, au lieu dit de Tertre-de-Baudin; et pour manoir de plaisance, ils avaient le château de Seigneuret, dont l'appellation diminutive indique une habitation secondaire, ou, comme nous dirions, en un sens discret, une *petite maison.*

A Seigneuret, se trouvaient tous les agréments que donne la fraîcheur de la plaine unie à la fraîcheur des eaux; c'était l'asile des plaisirs furtifs; c'était le châtelet non loin du château fort. Et pendant que ce dernier, sur sa côte aride, n'ayant ni viviers, ni futaie, découvrait sa perspective au large et au loin, le château de Seigneuret, caché au milieu de la verdure des bois, et s'y entourant de tous les ombrages, n'y conservait de vue que sur son grand miroir de lagunes tranquilles.

Vers 1750, cette terre se trouve aux mains d'un conseiller au parlement de Bordeaux, M. de Sans, lequel ayant émigré, Seigneuret fut vendu nationalement à un créole, M. David Eyma, qui le céda, en 1809, à mon père ; et voilà ce que j'en sais, le tout se bornant à quelques noms propres, ni plus ni moins que s'il s'agissait d'une dynastie égyptienne.

Le seul fait mémorable, c'est qu'en 1760, le château brûla. Il n'en resta que les quatre murs et les deux tours. On ne le répara point. Il n'existait alors ni Compagnies d'assurances contre l'incendie, ni Crédit foncier de France. On se contenta d'y rétablir les toitures ; de sorte que cet élégant manoir formait, de mon temps, comme une immense double nef obscure, cellier à vin d'un côté, cellier à fourrages de l'autre. Les tours, recouvertes elles aussi, servirent, la grande, à

loger quantité d'hirondelles, et la petite, plus té-
nébreuse, à recéler force hiboux.

Il existait un corps de logis, attenant à une
interminable orangerie, puis venait un gros pavillon carré, faisant vis-à-vis à un autre pavillon,
moins considérable, qui était la chapelle : dans
tout cela on trouvait à se loger fort à l'aise, et
c'est là qu'habita mon père. Les dépendances de
l'ancien manoir, détruit en une nuit de flammes,
étaient des plus vastes : elles entouraient, pareilles
à un village, une fort grande cour oblongue,
garnie de sept ou huit arbres véritablement an-
tiques, ormes et acacias, venus sans ordre, celui-ci trop près d'un mur, celui-là trop loin
d'une allée, mais rachetant ce défaut de symétrie
par une fougue de végétation surprenante.

On entrait dans cette cour profonde par trois
portails : l'un ouvrant sur les bois, l'autre sur la
grande route, et le troisième sur les jardins.

Ces jardins, avivés d'eau courantes, de bassins,
de lavoirs, de fontaines, étaient séparés d'un spa-
cieux verger par un lac, que divisait, en deux parts

inégales, une langue de terre formant presqu'île.

Après le verger, venait un bois d'yeuses, dit la Glacière, tant son ombre était fraîche.

Une longue muraille clôturait tout cela, et dérobait à tous les yeux cette cénobie.

Puis se prolongeaient trois allées de vieilles charmilles, puis une allée de peupliers superbes, puis deux allées de charmilles encore, le tout reliant des bois entre eux par des espèces de cheminements pleins de silence et d'ombre.

On appelait une de ces allées, l'*allée des prêtres*, à cause que son recueillement l'avait fait choisir, par les aumôniers et chapelains du château, pour réciter le bréviaire. Je l'ai suivie bien des fois, l'esprit à l'aventure, car l'enfance même y devenait rêveuse.

Il y avait, latéralement à cette allée des prêtres, et plus solitaire encore, une pièce de terre carrée que des charmilles fermaient de tous côtés. L'ombre s'était tellement emparée de ce bienheureux recoin, qu'on avait dû cesser de le cultiver :

aucune récolte, faute d'air et de lumière, ne pouvant y venir à bien. Cela formait une jachère morte, où jamais hommes et bestiaux ne pénétraient. Ils n'y eussent su trouver, au-dessus d'un sol moussu, rien qu'une fougeraie continue, avec à peine cinq ou six buissons, reliés entre eux par des ronces. Les lapins, ayant flairé là une résidence à leur gré, y avaient creusé leurs latomies ; ils y foisonnaient. Enfant, j'aimais à me risquer seul dans ce réduit, dont l'isolement atteignait au sinistre ; j'aimais à le parcourir à travers des flots de fougère odorants et légers, qui me venaient aux épaules, et, qu'avec des gestes de nageur, j'écartais à deux mains, de çà de là, de ma poitrine

Un pareil domaine, on en conviendra, composait, pour un enfant, tout un paradis terrestre. L'eau surtout y abondait, l'eau tant prisée de l'enfance, pour laquelle elle est l'élément récréatif par excellence.

C'était de plus un doux ermitage, où l'on se sentait bien caché, au fond d'un pays plat, sans horizon visible, d'aucun côté. Où que vous alliez, des murs, des ruisselets, des haies vierges, de belles eaux captives, arrêtaient vos pas, comme voulant vous retenir dans ces lieux bénis.

Le seul chemin rustique qui longeât cet Éden avait été rompu par les eaux, en un endroit appelé le Pasbey (le pas béant), de manière que c'était là un de ces délicieux chemins sans passants, plein de merles en toute saison, et où, l'été, on ne manquait jamais de rencontrer de grandes couleuvres confiantes, qui, allant d'une haie à l'autre, le traversaient sans se hâter, et de splendides lézards verts, y chassant aux cicindèles, sur lesquelles, après les avoir peu à peu approchées, ils s'élançaient inopinément, comme un trait.

Un courant d'eau moulinant, le Guâ, arrosait, l'espace d'une lieue, ce domaine dont l'étendue dépassait cent hectares.

Ce courant d'eau, coupé de cascades, était tout bordé de saules, les plus vieux que j'aie vus, caverneux presque tous, avec des têtes qui s'arrondissaient au-dessus de la campagne, comme autant de légers dômes d'une verdure pâle.

Par les coups de vent d'automne, quand la rafale, rejetant à l'envers ces chevelures, les poudrait toutes à blanc, il en résultait, sur le paysage décoloré, un changement à vue prolongé, violent, immense.

Du reste, grâce à l'humeur du maître, tout sur ce terrain paisible, était en possession d'une véritable trêve de Dieu ; mon père ayant pour principe qu'en fait d'arbres, d'arbustes, de broussailles même, couper, arracher, c'était s'apprêter des regrets. « Nul n'a détruit, disait-il souvent, qui ne s'en soit repenti. »

Mais parlons de mon père.

Mon père était un homme bien caractérisé : ferme de volonté, solide de corps, entier, opiniâtre, tenant à son sentiment plus qu'à sa vie, disant *non* à tout, ne démordant jamais, coloré, fier, et par-dessus cela méthodique, mais méthodique au point de se machiniser.

D'une régularité, d'une ponctualité immuable,

il ne faisait pas un pas, ne buvait pas une goutte d'eau de plus, un jour que l'autre.

Son déjeuner n'a jamais varié, ni quant au moment, ni quant au menu : à huit heures, il prenait, gorgée par gorgée, en mangeant des tartines au beurre de Hollande, deux bols de thé au lait cru, chaque bol contenant bien un litre.

A cinq heures, le dîner, composé, une fois pour toutes, d'un pilau aux herbes pour potage, d'une morue à l'huile, puis d'un rôti, consistant, à tour de rôle, en une volaille, un rosbif ou une éclanche. Pour dessert, du chester, pris sans pain ; mon père n'aimait pas le pain, auquel il préférait la pomme de terre bouillie ; aussi en avait-il constamment une sorte d'empilement sur un réchaud à portée de sa main. Après le potage, un doigt de vin pur ; après la morue, un plein bord d'eau rougie ; après le rôti, deuxième plein bord d'eau rougie ; après le fromage, mettant devant soi son verre dans son assiette, il buvait, à très-petits coups, tout pur, une bouteille entière de vin vieux ; jamais plus, jamais moins.

Vivant au milieu de toute l'abondance rurale, on conçoit qu'il devait figurer sur notre
table de famille un certain nombre d'autres
mets. Mon père ne touchait qu'aux siens propres, regardant les autres avec déplaisance, et
les qualifiant, c'était son expression, de *mets
bourgeois*.

Chaque vendredi, le rôti était remplacé par
un plat de haricots, bien gras et surpoivré.

Ce n'était point trop du crédit de Dieu lui-
même, pour obtenir de mon père un pareil écart
de régime.

Avec un assujettissement si grand à l'habitude,
mon père était le chef de famille le plus impé-
rieux : ne visant à inspirer que la crainte à tout
ce qui l'entourait. Il avait, dans sa jeunesse, com-
mandé à des nègres, à la Martinique, et il avait
tant soit peu navigué, d'où lui était resté quelque
chose de la sévérité du planteur et du capitaine
de navire. Ce dernier, maître, après Dieu, sur
son bord, était son idéal. Il aimait à le dépeindre
se promenant seul, sur le pont, avec tout l'équi-

page, relégué par le respect de l'autre côté, sous le vent.

Cette manière d'être de mon père à notre égard, cette crainte donnée pour appui à l'autorité domestique, et toujours imprimée le plus possible dans de tendres cœurs, eut pour effet de me rejeter vers la nature, et la nature, pour un adolescent, c'est la chasse.

Certes, je puis le dire, y ayant passé, c'est là un mode d'éducation détestable : bon quelquefois pour le père, mauvais toujours pour les enfants. Tenir ses fils à distance, ne point se communiquer à eux de peur de familiarité, c'est contrarier le dessein de la nature, qui veut que le père insinue à ses enfants l'éducation intimement, familièrement ; donnant ce lait spirituel à cœur nu, comme la mère donne le lait matériel à sein découvert.

L'enfance, étant l'âge de la timidité, de la défiance de soi-même, a besoin d'être soutenue par une force amie : il faut donner confiance à ces premiers pas, encourager ces jeunes ailes, si l'on veut qu'elles en viennent à oser prendre leur essor.

Il existe un exemple bien éclatant des inconvénients d'une parcelle autocratie domestique; cet exemple, c'est Chateaubriand.

Son père qu'il nous montre, en traits vivants, dans les *Mémoires d'outre-tombe* et dans *René* m'a fait souvent songer au mien.

Que l'on se représente ce jeune gentilhomme au sein des solitudes de Combourg, « toujours gêné et contraint en présence de son père,» et l'on aura une idée de ce que j'étais dans les solitudes de Seigneuret. Les deux asiles se valaient pour le calme, l'ampleur du désert.

Et qui eût prévu qu'une telle éducation dût influer même sur le talent d'un écrivain de génie? Car une remarque à faire, c'est que cette discipline domestique, basée sur la contrainte, s'est fait ressentir chez le vicomte de Chateaubriand, an point d'être, si je ne me trompe, la cause de ses imperfections littéraires, qui sont la manière et l'emphase.

L'habitude de l'appréhension, l'empêchant d'être soi et de s'abandonner à son génie, lui inculqua de bonne heure ce défaut de la manière qui est un manque de naturel et d'aisance dans l'allure de la phrase et le jet de la pensée. De plus, cette même appréhension, le portant à retenir, en lui, captives, les aspirations dont sa jeune âme était remplie, les y contint outre mesure ; or, tout sentiment trop contenu s'exagère, et l'exagération, dans le style, c'est la déclamation, l'emphase.

La gêne que j'éprouvais au logis, sous l'œil d'un maître qui ne souffrait autour de lui ni familiarité, ni gaieté, cette gêne me faisait m'évader aux champs le plus possible.

Les enfants aiment par-dessus tout à se déshurer. L'humeur méthodique de mon père, qui l'obligeait à faire chaque jour les mêmes choses aux mêmes heures, me répugnait peut-être plus que tout le reste. Il y avait là, pour mes huit ans, un joug insupportable.

Au surplus, tout en blâmant un mode d'éduca-

tion qui tend à abaisser plutôt qu'à élever le sens
moral de l'enfant, je dois rendre justice à celui
dont je suis issu. Il était d'un tempérament fran-
chement viril, rien n'étant faible en lui; d'un tempérament ferme, régulier, probe, sans mélange ni
d'ambition ni d'envie; le tout pouvant se résumer en une forte santé morale unie à une forte
santé physique; car il ne fut jamais indisposé,
si ce n'est dans la courte maladie dont il mourut, à près de quatre-vingts ans.

Toujours rassis, toujours égal, une seule chose
l'émouvait, l'exaltait même, c'était de se dire
Anglais. Il citait l'année du quinzième siècle,
où l'un de ses ancêtres fut amené, des bords de
la Tamise, aux bords de la Corrèze, dans la vicomté
de Turenne, par un membre de la famille de
Bouillon. A voir, de quel air dédaigneux et
haut, il se targuait de cette origine, on eût
dit qu'il voulait montrer que les traces du
caractère anglo-saxon n'étaient pas effacées en
lui; et comment l'auraient-elles été, puisqu'elles
ne le sont pas même en moi, qui les retrouve

persistantes dans mon abord froid, mon humeur abrupte, mes goûts ruraux? L'empreinte du type anglais vaut celle du type juif, pour ne s'effacer jamais. *Old England for ever!*

Ce père, je n'ai pu le pleurer; mais je regretterai toujours qu'il n'ait voulu tolérer, entre nous, nulle intimité, nul abandon. Il avait reçu de la nature, ce qui est à coup sûr la qualité la plus attachante, la force. Sa mémoire ne nuit point au charme de mes jeunes années; le malheur fut de n'avoir pu rien épancher de lui à moi, de moi à lui; je le déplore, priant Dieu, en bon fils, qu'il mette son âme en joie.

Sitôt parvenu hors du vol du chapon, que je franchissais en poulain échappé, je me sentais allégi d'un grand poids, le poids de l'œil du maître; et je me mettais à aimer ces bois, ces prés, ces eaux, qui, me délivrant, me rendaient à moi-même.

Je me dirigeais le plus souvent vers quelque groupe de travailleurs de terre, en la compagnie desquels j'aimais déjà à passer le temps. L'enfance attire l'enfance, et le cri guttural des petits pâtres, me hélant de loin, j'accourais à eux, en leur répondant de la voix.

Là, les plaisirs ne manquaient pas : l'été, c'étaient avant tout les nids et les bains, monter aux arbres et sauter nu dans l'eau courante ; ou bien, en hiver, venait la grande besogne d'historier un bâton, en l'écorçant par places, tout du long. Nous choisissions, pour cette espèce de tatouage, le bois du marsault ou de l'aulne, lesquels se teignent, au contact de l'air, l'un en roux, l'autre en rose.

En avril et en mai, quand sont en séve le châtaignier, le peuplier et le saule, nous fabriquions de beaux flûteaux d'écorce verte ; ou bien, roulant en spirale cette écorce, découpée en longues lanières, nous formions d'affreux cornets à bouquin, qui résonnaient bien loin.

Parmi nos jeux, nous n'avions garde d'oublier la chasse : d'un crin de vache faisant un collet à prendre les rouges-gorges ; d'une pierre plate, équilibrée sur une chevillette, faisant un assomoir à prendre les pinsons. Un ver de terre, empalé sur une épine, servait d'appât.

Ah ! la bonne école primaire de braconnage !

Mais, c'est surtout lorsque quelque besogne champêtre réunissait un certain nombre de jeunes filles, que j'aimais à me mettre de la partie ! La société des jeunes filles convient aux enfants, jeunes qu'elles sont toujours, jusqu'à l'enfantillage.

C'est dans une de ces circonstances que le petit bois de la Glacière eut son événement.

On était à cette époque de l'année où la campagne, ayant donné tous ses fruits, prend un air de gravité douce, comme une matrone chez laquelle le sentiment de la maternité tempère la sévérité des années. Il ne restait plus qu'une récolte à recueillir, et ces mêmes journalières, qui, des prairies, étaient entrées dans les blés, et qui des blés étaient passées dans les vignes, s'enfonçaient à présent dans les bois, à la suite d'un jeune paysan, muni, pour tout instrument de travail, d'une interminable perche de bois vert, tremblotant sur son épaule : c'était la glandée.

L'automne tirait à sa fin ; les sentiers des taillis disparaissaient sous les premières feuilles sèches; des palombes partaient, à vols tumultueux, du sommet des grands chênes, dont elles paissent le gland.

Les jeunes filles remplissaient de leurs éclats de rire la futaie sonore, soit que leur agréât le labeur du jour; soit que le mystère des bois éveille, dans toute jeune tête, quelque riante image.

Allant de chêne en chêne, à travers fourrés, gaulis et garennes, la besogne « mangeait du temps » malgré la diligence du jeune gars, qui marchait en tête, d'un bon pas. Les journalières le raillaient de sa célérité, lui criant qu'Aubine, la fille qu'il aimait, avait la plus grande peine à le suivre, bien qu'elle fût la première de la troupe, et si près du gauleur, qu'il était à chaque instant obligé de détourner d'elle sa longue latte : détail dont le souvenir m'est resté.

Enfin, nous arrivâmes à la Glacière, le paysan s'arrêta, et sa gaule, qu'il mit debout contre un vieux tronc, indiqua l'arbre à dépouiller de ses fruits. C'était une yeuse gigantesque, couverte de moins de feuilles que de glands, et qui était réputée pour en donner jusqu'à vingt corbeillées quand l'année y prêtait. Tous nos yeux se levèrent vers sa tête colossale. D'énormes branches, comme une charpente, soutenaient dans les airs ce grand édifice. Sa sombre verdure, que l'automne ne dorait point et qui traversait les hivers, effrayait les oiseaux. Ils ne s'y risquaient jamais, si ce n'est pour huer la chevêche ou l'orfraie, qui parfois y fuyaient la clarté du jour. D'épaisses bandes de corbeaux criards en faisaient leur repaire durant les nuits de décembre. Son vaste sein en pouvait contenir un vol entier. C'était le plus bel arbre de la contrée, si beau que son élévation, en appelant sur lui la foudre, à quelques années de là, fut cause de sa ruine.

Cet arbre, bien présent encore à mon esprit, offrait environ trente pieds de tige nue, contre laquelle il n'était pas facile de gravir. Le jeune homme, rejetant sa veste et ses sabots, nouant son mouchoir autour de sa tête, se cramponna des doigts et des orteils à la rugueuse peau, et grimpa comme un écureuil.

Parvenu à la ramure, il continua son ascension de branche en branche, traînant, à belles dents, sa gaule après lui, et bientôt il se perdit dans les profondeurs du feuillage, où, depuis terre, on le voyait blanchoyer.

Dès qu'il fut à la cime, il reprit un instant haleine ; puis saisissant à deux mains la branche la plus drue, il lui imprima de violentes secousses.

Une averse de glands s'abattit sur les jeunes filles accroupies, qui s'empressaient et faisaient des cris chaque fois qu'elles étaient touchées. Les glands mûrs à point (ceux de l'yeuse sont d'un jaune de buis) se détachaient au moindre ébranlement. Le sol en fut en un moment jonché. Les feuilles se mirent à descendre avec les fruits, quand le gauleur, usant de sa longue perche, commença à flageller, l'un après l'autre, les fructueux rameaux.

Tout allait le mieux du monde, quand tout à coup une branche se cassant, là-haut, sous les pieds du paysan, un craquement se fit entendre. L'infortuné dégringole, on le voit s'accrocher à des rameaux, qui le supportent un instant, puis se déchirent ; il saisit une autre branche, elle se rompt, il la lâche pour en prendre une troisième, celle-là tient bon, et le voilà suspendu dans l'espace, par les deux poignets, entre la mort et la vie.

Les journalières percent l'air de leurs cris.

— Suis-je loin du sol ? demande le jeune gars.

— Oh ! oui, bien loin !

— Eh bien, je puis attendre un moment : coupez de la bruyère, du genêt, des fougères, empilez des feuilles, et amassez le tout au-dessous de moi.

— Nous n'avons ni serpes, ni couteaux !

— Mettons en tas nos vêtements ! crie la mieux inspirée.

Soudain elles se dépouillent à l'envi de leurs brassières de droguet, de leurs jupes de cordillas, de leurs fichus de tête et de cou, dont elles font un monceau au-dessous du gauleur, lequel s'y laisse choir, et se relève quitte de tout mal, au milieu des jeunes filles, qui, cheveux épars, jambes et bras nus, passant du plus grand émoi à la plus grande confusion, se précipitent à la recherche de leurs nippes, pour se rhabiller au plus vite.

Mais dans leur empressement, elles se font mutuellement obstacle, et ne peuvent venir à bout de retrouver leur bien dans cet amas confus.

Plus elles y fouillent, plus elles l'embrouillent.

C'était un groupe étrange que celui de toutes ces fillettes (dévêtues, elles paraissaient plus jeunes), qui, pressées, empressées sur cette pile de hardes, se les entr'arrachaient sous l'empire de la honte et du dépit ; car, sans me compter, il se trouvait là un garçon, auquel sa dégringolade n'avait pas tiré les yeux.

On voyait, faut-il le dire, on voyait là de pauvres chemises, qui n'ayant pu grandir en même temps que la personne, se montraient terriblement écourtées, et présentaient de ces déchirures, qui sur un vieux drapeau font bien de l'effet, mais qui, sur une souple taille, ou sur une jeune poitrine, on font bien plus encore.

O pauvreté propice !

Je n'étais alors qu'un enfant; mais, pour une pareille scène, il n'y a pas d'enfants.

Depuis, au théâtre, j'ai revu maintes fois une situation pareille, plus ou moins habilement amenée. J'ai vu des femmes jouant le rôle de se déshabiller bénévolement, chaque soir, en présence d'hommes assemblés pour goûter en commun ce plaisir des yeux ; rien en ce genre n'a valu la scène de la glandée, où un péril et un dévouement extrêmes arrachaient à la pudeur presque son dernier voile.

Après cette aventure, dois-je l'avouer ? j'aurais
eu réponse à l'érotique question qu'adresse Lydé
à l'éphèbe qu'elle aime, dans André Chenier :

> . . . . déjà, dans le bocage
> Quelque voile de nymphe est-il tombé pour toi?

Et que ce mot de nymphe, rappelé à l'occasion
de simples paysannes, ne choque pas le lecteur.
Si quelque objet, dans la nature, nous peut donner une idée de ce qu'étaient ces êtres agrestes,
c'est bien plutôt l'habituée des bois, que l'habituée des rues ; c'est bien plutôt la paysanne au
pied diligent, à la hanche légère, que la grisette
au corps sans nerf, sans relief.

Car ne l'oublions pas, si la littérature moderne
a fait perdre à l'imagination humaine le goût de
ces déités gracieuses, par qui étaient divinement
personnifiés les prés, les eaux et les bois, c'est
pour en avoir fait des demoiselles, en les dépouil-
lant de leur rusticité.

Napées, Dryades, Oréades, plût au ciel que
l'art ne vous eût pas délaissées ! plût au ciel

qu'il ne fût pas descendu jusqu'à vous préférer le type inexprimable de la courtisane !

Ah ! que les anciens ont dû aimer les choses agrestes, pour tant multiplier ces mythes de nymphes, qui s'offraient, à eux, comme un idéal de gracilité suave et de gentillesse enfantine ! car si les déesses étaient toujours jeunes, les nymphes étaient toujours enfants!...

De pareilles aventures trouvaient, dans le Seigneuret du temps de mon père, un cadre à souhait : que l'on se figure, en effet, ce que devait être, sous la domination d'un maître hostile à toute modification, un domaine pour la sauvagerie duquel le caractère des lieux avait déjà tant fait. Avec mon père, il n'était question ni d'élaguer, ni d'arracher, ni même de planter. De sorte que, grâce à cette autorité si ferme dans sa négligence, chaque objet se trouvait là en possession de la durée. Toute muraille s'y habillait de lierre, toute tige de mousse ; les giroflées et les joubarbes avaient partout droit de cité. Les viviers s'y couvraient de glaïeuls, de massettes et de roseaux, au point de rendre stationnaires, dans leurs fourrés, les foulques et les macreuses.

On eût dit, à voir l'entrain à croître de toute cette végétation adventice, qu'elle avait, en quelque façon, conscience de la latitude qui lui était laissée.

Toutefois, je dois le dire, hélas! celui qui chercherait aujourd'hui le Seigneuret que je viens de décrire ne le retrouverait plus. Ce domaine a eu cette chance, peut-être unique, de recevoir, sous deux autorités tout opposées, les deux genres d'embellissements dont une terre est susceptible : l'un tout agreste, l'autre tout artistique.

Par le fait de l'égalité des partages, les biens-fonds ne restent guère au delà d'une vie d'homme dans la même famille. Après mon père, le château de Seigneuret passa aux mains de l'un des négociants bordelais, les plus considérables et les plus considérés, M. Paul Dubois ; lequel, y faisant preuve d'opulence autant que de goût, transforma le manoir sauvage en une villa princière, du plus grand air.

Le château a pu renaître de ses cendres, les murs de clôture ont été abattus afin de permettre à la vue de plonger à travers jardins, avenues et lagunes, jusqu'au cœur des garennes ; et ces mêmes lieux que la nature semblait avoir faits exprès pour cacher la vie d'un heureux ou d'un sage, sont devenus propres, aujourd'hui, à corroborer le crédit d'un commerçant magnifique et prospère.

IV

LES CHASSES AUX PIÉGES

La main qui va écrire ce chapitre, sur les piéges à gibier, les a tendus tous, et fructueusement ; j'espère donc pouvoir traiter ce sujet *ex professo* ; j'espère aussi pouvoir le traiter en toute conscience, n'oubliant point quels intérêts je défends, qui sont ceux de l'agriculture même.

La chasse aux piéges, on peut le dire, est une chasse propre au paysan, une chasse que lui seul aime, que lui seul pratique. Sommes-nous bien sûrs que ce n'est pas à cause de cela que nous l'attaquons, que nous la condamnons? sommes-nous bien sûrs que si les messieurs de la ville chassaient aux piéges, comme ils chassent au fusil, nous interdirions la chasse aux piéges? Si nous en sommes sûrs, c'est bien.

C'est bien, à un certain point de vue, mais ce sera toujours mal au point de vue des intérêts agricoles. Car il ne faudrait pas s'y méprendre, si j'ai l'air de parler ici en faveur de la classe rustique, j'y parle en réalité en faveur de l'agriculture, dont les intérêts sont ceux de tout le monde : une famille manque de pain, des enfants de vêtements; c'est une souffrance de l'agriculture qui se traduit en eux.

La chasse aux piéges est, à tout prendre, la seule récréation que puisse offrir la campagne à ceux qui la cultivent, la seule qui soit à la portée de leurs petits moyens. Il n'y a là ni chiens à nourrir, ni fusil à acheter, ni munitions à payer ; c'est le plaisir du pauvre.

Le paysan aime à chasser plus qu'on ne le

suppose, plus qu'il n'y paraît ; c'est chez lui une frénésie, et sa chasse, c'est la chasse aux piéges, à cause qu'elle convient à ses instincts subtils et à son indigence, comme aussi à sa vie continuellement occupée ; car, remarquons, en passant, qu'il y a un dessein providentiel dans cette préférence donnée par le travailleur de terre à la chasse aux piéges, laquelle ne le détourne pas de son labeur. Un rustre qui chasserait au fusil, serait obligé de négliger pour cela sa besogne, au lieu qu'il peut fort bien travailler tout le long du jour, en chassant à l'aide d'engins. Il les dresse, une fois pour toutes, le matin, à l'aube, le soir, à la brune, et ils se mettent à chasser pour lui et sans lui.

Le paysan chasse, et ce n'est pas seulement pour se divertir, c'est encore pour se sustenter. Le gibier a du prix à ses yeux en tant que viande nourricière. Plus l'homme s'efforce physiquement, plus il est carnivore ; or, le travail du paysan est rude, au point de le mettre, chaque soir, à non plus.

Interdire la chasse à ce pauvre hère, qui, tout le jour, doit rendre de la sueur et de la force, c'est le réduire le plus souvent au pain sec.

Les Anglais, parlant du paysan français, le qualifient avec dédain de *mangeur de soupe d'herbes* (*a great eater of herb soup*), et ils ont raison, car c'est là son régime ordinaire. Pour qu'il puisse s'en écarter un peu, pour qu'il puisse « graisser son pain, » laissons-lui tendre, pendant l'hiver, quelques collets de crin, et, pendant l'automne, quelques casse-pieds autour de son courtil. Durant les longues veillées de décembre et de janvier, ne l'empêchons pas, quand il a terminé, au coin de l'âtre, son menu travail, consistant à emmancher, affûter, chapuser, ne l'empêchons pas d'aller, dans le bois voisin, donner un tour de fouée, un falot d'une main et une batte de l'autre. Grâce à cette licence, il aura cinq ou six oiselets à partager, chaque jour, entre sa famille et lui ; ce qui serait bien peu pour nous qui ne sommes pas précisément des *mangeurs de soupe d'herbes*, mais ce qui sera beaucoup pour l'estomac allangui d'un pauvre homme de peine.

Ayons du cœur ! nous sommes les heureux de ce monde, autant du moins qu'il peut y avoir des heureux ; soyons bons, soyons-le par intérêt propre, s'il nous faut ce mobile. Les paysans pourraient nous dire, comme le mendiant et comme l'amant : « Faites-moi du bien pour vous-même. »

Ces considérations ont de l'importance, mais nous ne voyons rien de tout cela, tant nous aveugle l'égoïsme.

Je me dis parfois que si nous avions, dans les campagnes, trop de paysans, et qu'il nous fallût en diminuer le nombre, agir comme nous le faisons serait le bon moyen.

Les cités s'imposent, à l'envi, les plus lourdes charges pécuniaires, afin de se faire belles aux yeux des hôtes qu'elles veulent attirer et fixer dans leurs murs ; nous agissons aux champs tout différemment, en en ôtant les attraits qu'ils ont reçus, et qui furent destinés à y rattacher leur hôte nécessaire, celui que nous devrions y retenir à l'aide de chaînes d'or, — le paysan.

Et qui sait, à vrai dire, si nous ne lui en voulons pas un peu à ce rustre, qui, lorsqu'il s'attaque à quelque culture, y réussit mieux que nous! Or, ce fond de rivalité jalouse nous conseille mal. Quand on veut tirer parti, soit d'un paysan, soit d'un animal, l'essentiel est de l'aborder avec un cœur ami; car ils ont, l'un et l'autre, les sens déliés, et lorsqu'on leur garde malveillance ou rancune, ils le flairent bien vite. Comptez-donc que le paysan sent notre mauvais vouloir, pour ainsi parler, à distance, et comptez surtout qu'il ne manque pas de vous payer en pareille monnaie. Je puis vous l'assurer, en faux frère que je vais être ici, jamais les piéges, laissés en libre pratique, ne sauraient détruire autant de gibier qu'il en détruit, lui, par pure malice. « Les riches, dit-il, veulent garder pour eux seuls tout le gibier, ils nous enlèvent le droit de manger même un moineau; eh bien, tous les petits de lièvres, de lapins, de perdrix, que nous rencontrerons, nous les écraserons ainsi que crapauds et vipères ! » Et il n'a faute d'y manquer, et comme il est toujours dans les terres, Dieu sait tout ce qu'il tombe sous sa patte de ce malheureux fretin.

Ah ! si vous m'en croyez, usons d'amitié à son égard ; car, à ce jeu-là, autrement, il sera de beaucoup le plus fort. Faisons-lui du bien pour nous-mêmes.

Mais disons ce que sont les piéges, afin d'en venir à connaître ce qu'ils peuvent détruire.

Il y a trois catégories de piéges à gibier : le collet, le trébuchet et le filet.

Le collet, engin des plus élémentaires, doit avoir été inventé le premier ; puis est venu le trébuchet, exigeant pour sa confection l'aide d'un outil tranchant ; et, en dernier lieu, l'on a fabriqué le filet, qui a dû être postérieur au rouissage et au tissage.

Le collet n'est autre chose que le licou, auquel un nœud coulant permet de se refermer. C'est le piége à toute proie, poil et plume. Il sert à prendre l'ours, le loup, même le sanglier, dit-on. Je l'ai employé avec entière réussite contre le blaireau et le renard, et contre la loutre, dont la catiche est si bien dissimulée dans la sourive des vieux étangs. Seulement, comme ces animaux ne manqueraient pas d'user de leur forte denture pour se délivrer, on remédie à cela en arquant un beau gaulis de quinze à vingt ans, dont on enchâsse l'extrémité, à environ cinquante centimètres du sol, dans une coche faite à la tige d'un baliveau voisin. Un collet métallique est attaché à ce ressort végétal, au-dessous duquel il pend, juste au milieu de la coulée de la bête, laquelle, en y passant, s'engage la tête, fait partir la détente, et, du même coup, est prise et pendue. Après le lacet enlevant, vient le lacet à poste fixe que l'on peut faire en chanvre, en osier, en cuir, en crin, en cuivre, en fer, etc. Les meilleurs collets seront toujours ceux de crin et ceux de laiton. Je me suis bien trouvé, quant à moi, d'employer exclusivement le fil de laiton, même à l'égard des oisillons. Le lacet métallique a l'avantage de mieux se tenir lorsqu'il pleut et lorsqu'il vente. On doit faire choix d'un laiton recuit en vase clos, le plus fin possible ; celui qu'emploient les brossiers est le meilleur à cause de sa ténuité extrème. S'il s'agit des petits oiseaux, on le met simple ; pour le lièvre, on le compose de vingt à trente brins, cordés ensemble.

Trois points sont à considérer dans la pose d'un collet.

Premièrement, la souplesse et le coulant du lacet : il faut qu'il puisse se refermer sur le cou de l'animal sans qu'il sente plus de résistance que s'il s'agissait d'un simple brin de chaume rencontré là naturellement ; faute de quoi, dépistant un obstacle inaccoutumé, il se tient pour averti, et ne passe pas.

Secondement, il faut savoir choisir la place où l'on tend le piége ; cette place est tantôt une coulée naturelle et tantôt une coulée artificielle. Pour les lièvres, lapins, renards, fouines, blaireaux, on n'use que des coulées naturelles, qui sont celles qu'a pratiquées le gibier lui-même, et dans lesquelles il ne manque pas de passer et de repasser chaque nuit ; car c'est surtout dans leurs allées et venues que les bêtes sont assujetties à l'habitude. Le poil qu'ils laissent, dans ces étroits défilés, dit au chasseur à quel gibier il a affaire ; s'il ne s'y voyait nul brin de fourrure, on disposerait transversalement à la musse, une ronce bien épineuse, qui ne manquerait pas de se garnir de bourre. Pour les oiseaux, on n'a que des coulées artificielles, consistant en petites rigoles, tenues bien nettes, dans lesquelles l'attrait du sentier battu les attire.

Troisièmement enfin, reste à savoir donner au lacet une élévation et une ouverture convenables, afin qu'il ne se trouve ni trop haut, ni trop bas, ni trop large ni trop étroit. On est toujours porté à le placer trop bas et à ne pas l'élargir suffisamment : le gibier porte la tête élevée, quand il marche sans se hâter ; et son bec ou son nez doit, pour bien faire, se rencontrer au-dessous du centre du collet. S'il ne se prenait pas par le cou, il se prendrait par les pattes ou par les flancs, ce qui est très-désavantageux, vu que, dans ce cas, il se démène, crie, se meurtrit, et prend une fièvre qui nuit beaucoup à la qualité de sa chair, si reposée et si fraîche quand elle a subi, courtement, la mort inopinée du pendu.

De plus, en se débattant avec bruit, la proie fait accourir chien, chat ou renard, lequel trouvant, là, chape-chute à son gré, ne manque pas d'en profiter.

S'il se rencontre, à portée, une racine, une tige, une touffe d'herbe tenace, on y noue le collet, et c'est pour le mieux ; s'il n'y a rien de tout cela, on est obligé de planter un piquet, qui sert de point d'attache, et ce n'est plus aussi bien, par la raison que c'est du nouveau dans la coulée que ce piquet-là. Pour en dissimuler l'existence, après y avoir lié, par son extrémité libre, le nœud coulant, on enfonce tout entier en terre ce petit pieu de façon que rien n'en demeure visible.

Et tel est cet engin dont on fait, à l'encontre du braconnier, un si gros chef d'accusation. L'effet en est sûr et simple, et l'invention en fut faite si naturellement, qu'on l'a de tous temps employé, même à l'égard de notre pauvre espèce :

7.

il prend alors le nom de pendaison, et le pendu celui de gibier de potence.

Après le collet, vient, par ordre chronologique, le trébuchet, consistant en une chevillette, sur laquelle, attiré par quelque appât, le gibier doit venir se percher. Son poids fait déprendre un ajustage léger, et l'oiseau se trouve pris, soit dans un lac qui le lie, soit sous un corbillon qui l'encage.

Le trébuchet est très-fort en usage : il est le mode de chasse de l'adolescent, comme le collet est celui de l'homme fait. On le tend, le long des haies, sous le nom d'arquets, de casse-pieds, de rejets, pour prendre la nombreuse famille des becs-fins; on le tend sous forme de cages tombantes, dans les vignes, pour prendre des ortolans.

Puis vient la chasse aux filets, dont il y a deux sortes : 1° le filet horizontal, dit pantière, composé de deux nappes, séparées par une aire, sur laquelle elles se referment, en la recouvrant comme les deux volets d'une fenêtre; 2° le filet vertical, appelé allier, formé d'un filet à petites mailles doublé de deux autres filets à mailles fort grandes. C'est au travers de ces grandes mailles que passe l'oiseau, quand il rencontre le filet dans son vol ou dans course ; il y fait poche et y reste pris.

Je viens d'énumérer les diverses chasses aux piéges, je l'ai fait en peu de mots, voulant, non les enseigner, mais arriver à préciser jusqu'à quel point elles sont destructrices du gibier. Que l'on ne l'oublie pas, je les ai exercées toutes, ces chasses réprouvées ; elles ont fait la joie de mon enfance, elles sourient encore à mon âge mûr, après avoir passionné mon adolescence. Il y a en elles si fort à faire et si fort à prévoir ; elles sont compliquées de tant de détails, qu'il n'est pas surprenant que le cœur s'y attache. Ah ! que l'on m'en croie, c'est faire un bien grand vide dans la vie des campagnes que de les en ôter ! C'est infliger aux paysans, petits et grands, une sensible privation que d'élever tout à coup, au rang de délit punissable, l'acte de mettre la main sur un oiseau de haies, d'appréhender un lapin de broussailles. D'autant plus (voilà qui va étonner bien des gens), d'autant plus que le dommage, causé par ces chasses, est un dommage imaginaire, comme je vais le démontrer.

Disons d'abord que, quand il s'agit d'exagérer, nul n'égale le paysan : pour un œuf pondu, pour un lapin pendu, il en met dix, il en met cent. Lorsqu'il cite, en les jalousant, les méfaits des braconniers, ses confrères, il les amplifie à dire d'expert, et nous avons le tort d'accepter ses chiffres, qui nous font voir, dans les chasses aux piéges, toutes les énormités réunies.

Au surplus, ces chasses aux piéges seraient ex-terminatrices du gibier plus encore qu'on ne le dit, qu'il faudrait les laisser pratiquer quand même au paysan, attendu qu'elles sont pour lui une raison de résider dans ces campagnes où nous ne saurions nous passer de sa présence. Songeons qu'aujourd'hui, avec les séductions des villes, avec les avances, si l'on peut dire, qu'elles font aux populations rurales, et avec les facilités de plus en plus grandes à se déplacer, le moindre dépit peut déterminer le manouvrier à partir et à nous planter là, nous et nos cultures.

Voyez comme il lui est facile de trouver à s'occuper dans les cités : autrefois, l'artisan seul pouvait travailler à la ville; à présent, la ville occupe autant de terrassiers que d'hommes de métiers ; tant tout y concourt à nuire aux campagnes !

Certes, le paysan est plus nécessaire aux champs que les perdreaux et les lièvres : il vaut mieux y voir diminuer ceux-ci que celui-là; et, cependant, tout au rebours de ce qui devrait être, nous faisons beaucoup pour multiplier les perdreaux dans les campagnes, et nous ne faisons rien pour y multiplier les paysans, quand toutefois nous ne travaillons pas à les y diminuer.

Aux yeux d'une jeunesse irréfléchie, la campagne n'est guère autre chose qu'un lieu à gibier ; aux yeux de l'économiste, c'est un lieu à récoltes, c'est le point de départ de la richesse publique.

Et puis, sommes-nous bien sûrs que les restrictions que nous apportons à la faculté de chasser contribuent en définitive à l'accroissement du gibier? sommes-nous bien sûrs qu'elles ne servent pas uniquement à le faire tuer par les uns à l'exclusion des autres? Plus nous conservons de gibier pour les chasseurs autorisés, plus ils chassent, plus ils détruisent. A première vue, il semblerait qu'une liberté entière de chasser aurait pour résultat certain l'anéantissement du gibier. C'est une erreur. Il y aurait toujours un niveau qui ne serait pas dépassé, car de la destruction même du gibier naîtrait sa conservation. Expliquons cela.

Sitôt la liberté de chasser octroyée, le gibier diminuerait, il diminuerait jusqu'au point où il deviendrait trop rare pour que le plaisir de le poursuivre en compensât la fatigue; arrivée là, la décroissance s'arrêterait, et même il y aurait une reprise, à cause que le goût de chasser se perdrait chez un grand nombre.

De plus, en quoi la faculté de chasser librement diminuerait-elle le gibier de passage, celui qui pour multiplier est en possession des solitudes indéfinies de l'Afrique et de l'Asie ?

A ceux qui voudront bien prendre la peine de me lire, je vais démontrer ce que chaque piége, en son genre, peut capturer de gibier. Je vais établir cela d'autant plus pertinemment que j'ai là, sous les yeux, les nombreux feuillets où, pendant dix ans, j'ai consigné, jour par jour, le produit de mes différentes chasses. C'est là un registre, à coup sûr, unique. J'étais loin en le rédigeant si minutieusement, chaque soir, de prévoir l'usage que j'en fais aujourd'hui. Tout y est relaté : la quantité, l'espèce du gibier, l'engin qui l'a pris.

Le goût de l'ordre, la curiosité du détail, joints à mon amour pour tout ce qui se rapporte à la chasse, me faisait m'assujettir à cette tenue de livres rigoureuse non moins qu'inusitée ; et bien m'en a pris d'avoir fait ainsi chaque jour, avant de m'endormir, mon examen de conscience cynégétique, puisque

me voilà en train de me confesser aujour-
d'hui.

Voyons, en premier lieu, ce que peut faire le
collet.

Sur le domaine de Seigneuret, dont la conte-
nance était considérable, j'ai, pendant de nombreuses années, aidé d'un paysan de mon âge et
de mon acabit, tendu des collets à toutes sortes
de gibier.

Je me trouvais dans des conditions bien autrement favorables que le commun des braconniers, lesquels, toujours en pays ennemi, ont à
cacher leurs engins et à se cacher eux-mêmes,
tandis que moi, opérant sur le fonds paternel,
au grand jour, j'étais tout fier de mes tendues
et les montrais à tout venant.

Je garnissais les haies d'un double étage de
piéges : en haut pour la plume, en bas pour le
poil. Dans les vignes, je faisais pratiquer transversalement une longue levée, en forme de bil-
lon, qu'entaillaient, de toise en toise, des ouver-
tures, où se trouvait un collet. Je furetais les

taillis, les clôtures, les halliers, et sitôt que j'y découvrais l'apparence d'une coulée, vite un collet.

Eh bien, chaque automne, avec un armement aussi considérable, je prenais cinq ou six lièvres, vingt ou trente lapins, deux ou trois renards, autant de blaireaux, autant de fouines, plus deux douzaines environ de perdrix.

Si mon gain n'était pas plus fort, on peut juger de ce que doit être celui du braconnier ; car j'avais, à coup sûr, plus que le goût de ces chasses, j'en avais le génie.

N'oublions pas au surplus que le braconnier est un paysan, et que le paysan s'accommode des plus minces profits ; par conséquent, de ce fait, que le braconnier est content de son industrie, cela ne veut pas dire que cette industrie lui rapporte beaucoup.

Mais après avoir dit ce que la chasse aux collets, faite sur une grande échelle, avec un entrain sauvage, a pu me donner, raisonnons la chose, afin de prouver qu'elle ne pouvait pas me donner davantage.

Le lièvre, le lapin, le renard, le blaireau, ont un flair superfin : mobiles autant que des yeux, leurs naseaux les avertissent des moindres indices. La brute a reçu en partage des sens si fort supérieurs aux nôtres, que la Providence paraît avoir voulu suppléer, chez elle, par l'excellence des organes, à l'infériorité de l'intelligence.

Aussi, quand un collet est mis en place, rien ne s'y prend les premiers jours : les émanations sont trop fraîches. Je n'ai jamais attrapé de lièvres qu'une bonne quinzaine au moins après la pose de l'engin. Par conséquent, lorsqu'un braconnier dispose un collet, il a beau user de précautions, le piége gardera la trace de ses doigts, et le terrain celle de ses pieds et de ses genoux. Encore s'il pouvait, une fois en place, n'y plus revenir, n'y plus retoucher ; mais il faut le visiter matin et soir, et souvent y porter la main, pour obvier aux petits dérangements occasionnés par le vent, la pluie, ou simplement le passage, à côté, du gibier, qui a su se détourner du panneau. De plus, où s'est pris un lièvre, un lapin, etc., nul autre ne se prendra plus : l'emplacement est souillé et demeure en mauvaise odeur.

Ce que je dis du lièvre, du lapin et d'autres quadrupèdes, peut s'appliquer à la perdrix : elle est aussi hésitante pour le moins à donner dans les lacs. Si le gibier à poil a meilleur flair, celui à plume a meilleure vue ; compensation qui égalise les chances adverses. Et puis, comme les perdrix vont en compagnie, quand une se prend, elle se prend sous les yeux de toute la troupe, qu'elle effarouche, en se débattant, et dont la défiance, à l'égard des piéges, en est terriblement augmentée.

A ces causes, le braconnage est d'un effet destructif assez restreint. Avec un bon fusil, un chasseur, conduit par un bon chien, fait de tout autres ravages.

Passons à la chasse au collet, à un crin, tendu à terre. Celle-ci est le fait, non du braconnier, mais de l'industriel. Je ne saurais l'approuver

que sous certaines réserves. On la fait aux alouettes, en mars et octobre, lors de leur passage en
nos climats. On la fait dans de très-vastes proportions, au point d'attraper ces oiseaux à pleins
sacs, ce qui est abusif. Il est certains centres po-
puleux, dans les pays à blé, où il en arrive, sur
le marché, des chariots. Ce n'est plus un gibier,
c'est une denrée, et il y a là une pratique criante
contre laquelle l'autorité a dû sévir ; mais sa ré-
pression a été inégale et partant inique : certains
préfets ont interdit ladite chasse aux alouettes,
d'autres l'ont tolérée. Il y avait un moyen terme
à adopter, qui eût paré à l'abus : c'était de permettre la chasse aux alouettes avec des tendues
limitées à mille lacets seulement. J'ai fait cette
chasse, en mon enfance, et je puis certifier docte-
ment, qu'avec ce nombre-là, on n'en saurait capturer, en moyenne, plus de deux à trois douzaines par jour, ce chiffre est modéré ; tandis
qu'à l'aide des chasses que dressent les oiseleurs,
qui font métier de cela, on peut en ramasser,
par journée, de cinquante à soixante douzaines,

vu que la quantité de lacets varie de dix à vingt milliers.

Grâce à la restriction que j'indique, on ne verrait plus de ces fortes razzias ; le nombre des preneurs d'alouettes diminuerait ; ils ne seraient plus portés à cette chasse par l'appât d'un lucre considérable ; et tout campagnard pourrait disposer, auprès de sa demeure, une centaine de lacets, qui l'approvisionnerait d'excellentes brochettes ; car encore ne peut-on pas se priver tout à fait de manger des mauviettes, mets exquis et véritablement descendu du ciel sur nos tables ; or, si nous prohibons la chasse aux collets de crin, plus d'alouettes que celles prises à la pantière, qui sont en bien petite quantité, ou celles tuées à coup de fusil, qui sont à peine mangeables.

En fait de chasse aux piéges, vient encore celle aux casse-pieds, que l'on ne fait guère qu'en petit, et qui, par conséquent, n'est jamais très-dommageable. C'est la chasse de haies proprement dite. Ah ! que j'ai eu pour elle un bien grand tendre ! Je suis le seul peut-être qui lui ai donné un certain développement. Dans mes fortes tendues, celles de mes années de rhétorique, de philosophie et même de droit, pour lesquelles je disposais d'un effectif de 300 casse-pieds, ma plus copieuse prise a été, une fois, de 55 petits oiseaux, et, en moyenne, calculant sur un laps de dix années, de 11 1/3 par jour.

Je parle, qu'on ne l'oublie pas, avec mon registre sous les yeux.

Voyons maintenant ce que peut détruire la chasse aux filets. Celle à la pantière est insignifiante ; autant vaudrait dire que la pêche à la ligne va dépeupler une rivière. On la négligerait entièrement, n'était qu'elle est propre à prendre les oiseaux chanteurs, que l'ont tient à mettre en cage, tels que pinsons, chardonnerets, linots, bouvreuils, tarins, calandres, verdiers, etc., qui, de la sorte attrapés, n'ont aucun mal. Elle est assez attachante, cette chasse, et point fatigante, puisqu'on la pratique tout assis. C'est proprement la chasse de l'arrière-saison de la vie. Bien garanti du soleil et de la pluie, cabané sous une feuillée odorante et fraîche, au beau milieu d'un champ, on épie, comme un augure antique, le vol des oiseaux dans l'air, et dès qu'on en voit un, on tâche, à l'aide d'un sifflet et d'un appeau, de l'attirer dans le filet. Cette chasse exige un certain talent : il y faut imiter le ramage des oiseaux, les appeler, leur répondre, converser, en un mot, avec eux. La moindre intonation fausse, le plus petit solécisme, dans ce dialogue délicat, éveille aussitôt la défiance, et met en fuite celui que l'on s'efforçait de faire approcher.

Quand je parvenais à rapporter, de cet exercice, une vingtaine d'oisillons, je n'étais pas mécontent du tout.

La chasse au filet vertical, dit allier, est d'un autre genre.

Dans les vignes, sitôt vendanges faites, dans les taillis, avant la chute dès feuilles, on tend un long filet destiné le plus souvent à prendre des grives et des perdrix. C'est là une opération pénible, à cause de la nécessité où l'on est de placer et de déplacer ce grand engin, plusieurs fois dans une matinée. Douze paires de grives et une ou deux perdrix constituent une excellente prise. Si l'on considère qu'il y faut au moins le concours de deux hommes, et que le filet coûte bon, on comprendra que c'est là une chasse peu à redouter pour la destruction du gibier.

Je m'étais procuré deux de ces filets. Leur longueur était de deux cents toises. Dans l'unique allée qui divisât en deux le bois de Fleurette, aujourd'hui remplacé par une vigne, je les hissais, tout en haut, chaque soir, à l'aide de cordelles et de poteaux. De la sorte élevés, ils se trouvaient juste au-dessus des taillis. Au coucher du soleil, les grives, quittant les vignes, se jettent dans les bois. C'est pour ce moment, dont la durée est de vingt minutes au plus, que mes filets étaient disposés. Les grives, en rasant le vaste dessus des gaulis, devaient donner, de plein vol, dans les mailles qui, bel et bien, les empocheraient.

Je dois le dire, quand je préparais cette magnifique tendue, je m'attendais à des résultats superbes, présageant des soirées de cinquante, de cent grives. Cet espoir, je ne dirai pas, me soutenait, car, chasseur comme je l'étais, je n'avais nul besoin d'être soutenu, mais cet espoir m'enivrait.

Je rêvais de grives à foison : je parlais à la cuisinière d'en préparer des conserves pour l'hiver ; j'avertissais nos voisins de se tenir prêts, qu'ils auraient à nous aider à dépêcher quelque chose comme huit ou dix douzaines de grives par jour : nos voisins étaient fort contents. Ils s'attendaient à tout de ma part, car je m'étais acquis, Dieu me pardonne ! le renom d'un giboyeur sans pareil.

Eh bien, je calculais absolument comme nous calculons tous, quand nous supputons les prises des braconniers. Cette fameuse tendue m'a rapporté, en moyenne, pendant la quinzaine que dure le passage des grives, cinq grives par jour. La plus forte capture fut de dix-sept ; il y eut

deux soirées où je dus inscrire, sur mon cata-
logue, un piteux zéro.

Aussi n'ai-je employé ce long rets qu'une seule
année. Le travail de le guinder et de l'amener
m'eût bientôt lassé : l'effet n'en payait pas
l'effort.

J'aimais mieux l'usage d'un autre allier, que
j'avais fait de mes mains, durant les récréations
d'une année de collége. Il était en soie verte et
par conséquent très-léger. Vers la fin de l'automne, a lieu le passage d'une variété de fauvettes,
appelées fauvettes des roseaux. Gentils oiselets,
pleins de prestesse, au faible ramage, à l'humble
plumage, et qui se recommandent aux gourmets
par un petit goût sauvagin, qu'il faut deviner
presque, tant la nature l'a dosé fin.

Les viviers de Seigneuret, j'ai dit cela, étaient
encombrés d'un épais fourré de plantes aquatiles.
Quand ces fourrés se montraient suffisamment
garnis de fauvettes, je dressais mon filet sur la
langue de terre qui séparait les deux pièces
d'eau, après quoi battant un étang puis l'autre,

je forçais le petit peuple qui les habitait à passer par-dessus la presqu'île où se rencontrait, haut d'un mètre, le filet de soie, que je voyais bientôt devenir, par l'effet de l'agitation de ses nombreux captifs, aussi tremblotant qu'une voile qui fasie.

Cette chasse, assez abondante, n'avait qu'un défaut, celui de durer à peine trois journées. Les fauvettes des roseaux émigrent si tard, que, pressées par la saison sans doute, elles passent vite et toutes en une fois.

On vient de le voir, j'ai été favorisé de toutes façons pour pratiquer les chasses aux piéges, les chasses des braconniers. J'avais pour elles un goût des plus vifs, et je me suis trouvé, pour le satisfaire, dans les conditions les plus favorables, durant une adolescence passée chez un père qui, cultivant à la diable un grand domaine, laissait partout monter les haies et gagner les chaumes; c'est pourquoi j'ai pu donner une évaluation précise du mal que ces diverses embûches font au gibier, et cette évaluation est loin de crier vengeance.

Le fusil, je ne crains pas de le dire, le fusil est bien autrement destructeur que l'engin.

Il y a telle chasse à courre, où l'on abat, en une matinée, de vingt à trente lièvres, et des lapins à tombereaux.

Je n'ai jamais beaucoup aimé la chasse au fusil, à travers champs : rêvassier par humeur, l'attention qu'il y faut prêter trouble chez moi la songerie ; je me rappelle cependant une occasion entre autres, où je dus faire nombre dans une partie de chasse. Nous étions huit chasseurs, tant jeunes fils que jeunes gars ; seulement, comme chacun de nous n'avait qu'un chien d'arrêt, et que conséquemment il n'était point question d'en former une meute, il fut convenu que l'on chasserait isolément, qui battant un champ, qui un autre ; et que, le soir venu, nous mettrions en commun le produit de la journée. De plus, il fut entendu qu'on ne chasserait que le lièvre seul.

Eh bien, dès midi, nous pûmes empiler, sur le chemin, neuf corps de lièvres.

Quelques-uns de nous en avaient tué deux, pour leur part, d'autres n'en avaient pas tué du tout. J'étais de ces derniers.

Voilà donc une seule matinée de chasse qui peut anéantir, en quelques heures, plus de lièvres que je n'en pouvais détruire, avec tous mes collets, en deux années.

Il est tel canton, dit Buffon, où, dans un hiver, on a pu tuer cinq cents lièvres. Le collet n'eût jamais pu aussi bien faire.

Qu'un lièvre soit signalé dans un champ, qui en aura, croyez-vous, plus tôt raison, ou du chasseur qui va à lui avec un chien et un fusil, ou du braconnier qui lui tend, à la dérobée, un lacet ?... Qu'il y ait une compagnie de perdreaux dans la vigne prochaine, lequel l'aura plus vitement dépêchée ou du fusil ou du collet ? Je tiens, moi, que ce sera le fusil : en quelques heures, suivant le vol de remise en remise, il aura tout raflé... Par une de ces matinées d'automne, fourmillantes d'oiseaux dans le brouillard, si un paysan dresse trois douzaines de casse-pieds, il

9

a chance de prendre sept à huit mûriers au plus; si vous allez, fusil en main, tirer à ces mêmes mûriers, vous en rapporterez, à coup sûr, une douzaine, et vous en aurez mis hors de combat à tout le moins un pareil nombre, qui, demeurés tout écloppés dans les broussailles, y seront une facile proie pour les rapaces de toute espèce.

Considérez, en effet, que le fusil fait encore plus de mal qu'il n'y paraît, en ce sens qu'il blesse encore plus de pièces qu'il n'en tue. Avec les piéges il n'en va pas ainsi : tout ce qui n'est pas pris n'a aucun mal. Avec les piéges, le gibier peut user des ressources de son instinct, qui l'avertit du danger ; avec le coup de feu, il ne le peut pas.

Mais pour montrer jusqu'à quel point le fusil, ce seul engin qu'on n'incrimine pas, peut exterminer de gibier, qu'il me soit permis de citer la chasse au poste, qui fut un de mes passe-temps favoris.

V

LA CHASSE AU POSTE

Au couchant de Seigneuret existait un bois, dont plusieurs défrichements successifs ont réduit l'étendue, mais qui, du temps de mon père, était fort vaste ; on l'appelait le Taudina. Ce bois, uniquement formé de taillis exploités à douze ans, offrait ceci de particulier, qu'il ne contenait qu'un seul arbre. C'était un très-haut chêne, caverneux, demi-mort, énorme, qui élevait dans les airs autant de branches sèches que de rameaux. On n'avait jamais songé à l'abattre : son fût, en partie vermoulu, n'eût été bon à rien. Il durait cependant, toujours le même, toujours aussi ruineux, avec sa forte branchure, se couvrant, par places, de quelque feuillage en été. On ne manquait pas de dire, à chaque renouveau, qu'il ne végéterait pas l'année suivante ; et, l'année suivante arrivée, il végétait encore. Il avait, après lui, toutes sortes de parasites, tels que lierre, agaric, mousse, scolopendre. Vers le point de sa bifurcation, existait une cavité, pleine d'un détritus composite, où des églantiers, de la bourdaine, des fougères, trouvaient à végéter. La nuit, ses longs bras se montraient sinistres au-dessus des gaulis ; on eût dit un arbre patibulaire.

Ce chêne était, on le comprend, l'inévitable rendez-vous d'une multitude d'oiseaux, ne trouvant que lui, dans cette forêt, où se commodément percher, surtout les grandes espèces.

Chaque automne, à l'époque où tant d'oiseaux voyageurs traversent le ciel, j'allais par un temps calme et clair me mettre aux aguets au pied de cet arbre, sous un dais de feuillage dressé sur quatre piquets, au travers duquel je pouvais viser à loisir, et voir sans être vu. Là, bien assis, j'attendais, avec la patience du braconnier et du songe-creux, que quelque oiseau survînt, et je n'attendais pas longtemps. L'abondance du gibier me forçait souvent à choisir, et me laissait à peine le temps de recharger. Pas un volatile, passant dans le rayon d'une lieue, qui ne fût, pour ainsi dire, attiré par ce perchoir tentateur. Dès que j'entendais criailler un émerillon, croasser un corbeau, s'exclamer un pic, je me disais en toute assurance : Il est à moi !

C'est qu'aussi ce chêne, incomparable dans sa décrépitude, semblait, par son élévation, devoir mettre ses hôtes à l'abri de toute atteinte; s'y posant de plein vol, ils entraient dans son vaste sein, sans quitter les airs. Les espèces hagardes seules se juchaient tout à fait à la cime, et alors le gibier se trouvait à une telle portée qu'il me fallait user de la canardière.

9.

Ah ! que j'aimais à les tirer de si loin, et à les voir dévaler de si haut !

J'étais tellement sûr de mes coups, que mainte fois, avant de faire feu, je me laissais aller au plaisir d'assister de près aux ébats de divers oiseaux, dont mon arbre se peuplait rapidement : tels que bouvreuils, ornés de pourpre ; roitelets, coiffés de plumes, comme des Incas; pinsons des Ardennes, rivalisant de couleurs avec le chardonneret lui-même. Les grosses pièces, lasses d'un vol longtemps soutenu, une fois posées, ne bougeaient plus. L'épervier, tournant avec lenteur la tête, promenait circulairement au loin son œil altier. Je distinguais, de ma place, les grivelures de son poitrail, les aiglures de sa queue, le jaune de ses pieds, et, d'une fusillade bien ajustée, je vengeais tout ensemble Procné, Philomèle et Scylla.

Quand rien n'abordait au grand chêne, je recourais aux volumes dont mon carbet était approvisionné : aimant à lire lentement, dans le silence de ma cachette, quelque livre lentement écrit. Mais au moindre frôlement d'ailes, au moindre bout de ramage, mon doigt était sur la détente, mon œil tenait le point de mire. Une fois le gibier à terre, je revenais à ma lecture, et ne me levais, pour ramasser les morts, que lorsqu'il en gisait au moins une demi-douzaine. J'ai eu là des coups de feu dignes de toute mémoire : un certain soir, j'y suis encore ! l'air frémit tout à coup, et un vol, c'est-à-dire, une nuée de ramiers fond et s'abat sur le vieux chêne. Ils s'en disputaient les branches d'une aile retentissante ; plusieurs, ne trouvant où s'y poser, descendirent sur les taillis. Si le cœur me battait, tout chasseur peut le dire. C'était à ne savoir où tirer. Je ne voyais que ventres blancs au-dessus de ma tête. Enfin, je choisis l'endroit où le vol me parut le plus dru, et j'y envoyai deux bonnes charges, coup sur coup. Un bruit d'ouragan se fit dans l'arbre, d'où se mirent à crouler des ramiers ; je courus les recueillir ; les blessés me tombaient sur les épaules ; le sol en fut, en un instant, jonché ; le croira qui pourra, j'en ramassai quatorze.

Un autre jour, je fus moins chanceux que cela. C'était aux premières journées de novembre, époque où les rapaces émigrent. J'en avisai un, volant à grand cerne, qui décrivait des orbes, à perte de vue, au-dessus du chêne. Comptant bien que ce bel étranger aborderait à mon poste, je me mis en garde, et dans la plus attachante expectative, j'embrassai, des deux yeux, l'arbre en son entier. Le vaste oiseau se rapprochait toujours : à mesure qu'il abaissait ses circuits, en les rétrécissant, je voyais sa taille grandir, et bientôt, au travail de ses ailes et de sa queue, je compris qu'il manœuvrait pour descendre. Quand il ne se trouva plus qu'à quelques brasses du chêne, il laissa pendre ses jambes, parut choisir du regard une branche, la saisit, replia lentement ses vastes rames et mit son cou dans ses épaules : il était posé. Je prends longuement ma visée, je fais feu à toute charge, mais, ô mécompte ! l'oiseau se renvole, et, au lieu de sa lourde masse, que je m'attendais à voir rebondir devant moi, il ne descendit, en tournoyant, qu'une grande penne, blanche et noire.

De dépit, je me réveillai deux fois, la nuit suivante ; et un aigle Jean-le-Blanc, que j'abattis à quelques jours de là, ne me consola qu'à demi ; bien que ce soit une assez belle prise, et que celui-là eût fait preuve d'un courage héroïque, m'ayant pour ainsi dire contraint de lutter avec lui corps à corps. Sitôt démonté, il fit des cris affreux, et me sauta dessus. Je ne m'en dépêtrai qu'à grand'peine, et non sans éraflures.

Parfois survenait un hibou, pourchassé par des fauvettes ; je n'accordais nulle grâce à ce flaireur d'agonies.

Je n'étais pourtant pas sans pitié, et j'ai laissé la vie à bien des tourterelles, volant deux à deux et se posant côte à côte. J'ai pardonné à maint loriot, en considération de sa beauté.

Quand je voyais ce bel oiseau, tout vêtu d'or, sauteler en sifflant sous mes yeux, je n'avais pas le cœur d'ensanglanter sa robe magnifique. Mais quand se posaient le freux, le chouart ou la pie, la bondrée ou le blanc-pendard, je les frappais de mort, comme tous voleurs et brigands qu'ils sont.

A l'égard des mauvis, des draines et des grives, je n'étais pas beaucoup plus tendre, vu leur chair délectable. Je les rapportais au logis par douzaines. Rien au monde n'égale un pareil entremets. Lorsque ces précieux oiseaux, nourris de raisins, et merveilleusement gras, sont venés et cuits à point, on ne saurait les manger sans émotion.

Le merle, lui aussi, n'est pas à dédaigner. Un peu moins délicat que la grive, il a plus de saveur, et possède, en automne, une amertume à lui, très-estimable, et qui ajoute aux qualités du vin.

Les journées où je voulais faire chasse surabondante, j'envoyais battre, aux alentours, vignes, haies et taillis; oh! alors, je ne pouvais suffire à l'entretien de la fusillade, et remplissais d'oiseaux les deux poches d'une besace : il y en avait pour les amis de nos amis.

Que de fois je me complus à laisser mon vieux chêne se garnir d'oiseaux, qui finissaient par y fourmiller au point d'en occuper toutes les parties ! J'aimais à les voir s'ébattre, à les examiner minutieusement, à me trouver pour ainsi dire au milieu d'eux. La pétulance des mésanges m'enchantait : perchées sur une seule patte, l'autre leur sert de main, pour saisir un insecte, une graine, et les tenir à la hauteur de leur petit bec, qui les grignote et les mange, en quelque sorte, sur le pouce... Chaque oiseau, selon ses mœurs, s'établissait dans une région différente de l'arbre : les rouges-gorges curieux, qui accourent au moindre bruit ; les becfigues légers ; les bunettes éveillées, demeuraient dans les plus basses ramilles ; à mi-hauteur se plaisaient les bruants, les cujeliers, les torcols ; dans la cime s'arrêtaient le milan, la corbine, le fauperdrieu, le gerfaut. Le long de la tige, je voyais les grimpereaux gravir comme des souris, et le pic se coller comme un lézard.

Cet antique chêne fut souvent hanté par des

oiseaux de proie, venant s'y repaître, sous mes yeux, du produit de leurs voleries. Tantôt c'était une crécerelle, qui, m'arrivant avec une alouette aux griffes, commençait un repas bien vite interrompu ; ou bien une pie-grièche se perchait, sémillante, un lézard gris au bec. Je me souviens qu'une fois, je vis accourir une buse, portant, dans ses fortes serres, un long serpent tout vif. Elle avait de la peine à voler, moins à cause du poids qu'à cause des mouvements de la couleuvre.

En approchant de l'arbre, elle prit le reptile avec son bec, afin de pouvoir se brancher. C'était chose à voir que la lutte immonde de ces deux ennemis. Le serpent cherchait à enlacer la buse, qui, pour échapper à son étreinte, tenait ouvertes les deux ailes. Ainsi déployée, elle se mit à dévorer vivante la couleuvre, des nœuds de laquelle elle dépêtrait tantôt l'une et tantôt l'autre jambe, et dont je distinguais, de ma place, le souffle irrité.

Son horrible festin m'intéressait trop pour ne

pas le lui laisser achever. Elle l'acheva, puis mourut.

Je m'arrête : j'en ai, je crois, assez dit afin de montrer que le fusil pour détruire « la gent qui fend les airs » vaut l'engin, s'il ne le passe.

Au reste, la chasse au poste ne s'applique pas uniquement aux volatiles ; le lièvre relève d'elle, et j'en ai usé bien des fois à son dam. Elle est délicieuse cette chasse, que le lecteur en juge !

Ceux qui se sont bornés à voir le lièvre, alors que, fuyant devant la meute, il passe comme un trait, ceux-là ne connaissent pas le lièvre, et c'est vraiment dommage, car ce n'est point un animal vulgaire.

A qui voudra le bien voir, l'étudier même, j'indiquerai la chasse au poste, comme une manière d'observatoire d'où l'on est sûr de pouvoir le considérer dans son naturel, qu'altère le moindre émoi. Il suffit d'une feuille qui bouge, d'un jonc qui siffle, pour que le lièvre ne soit plus le lièvre.

Lorsque, durant quelque promenade à travers

champs, il vous arrivera de faire partir un lièvre, arrêtez-vous soudain pour ne pas l'effarou-
cher ; laissez-le filer, et, quand il sera hors de
vue, rétrogradez à pas muets ; puis, le soir approchant, prenez un fusil, et revenez à cette
même place ; faites-y choix d'un arbre, tétard ou
futaie, montez dans sa ramure, où vous prendrez
séance : le tout sans bruit.

Une fois perché, ne bougez plus, armez votre
fusil et attendez.

Vous aurez à faire une faction d'une heure,
peut-être plus, peut-être moins, durant laquelle
vous ne serez pas trop à plaindre pour peu que
vous sachiez goûter le spectacle que vont vous
donner le jour et l'ombre, fondus en ce rapide
crépuscule dont la coloration décroissante imite,
au bas de l'horizon, un rivage de lumière qui fuit
et s'efface. Le crépuscule du soir, c'est la matinée
de la nuit.

Laissez-vous gagner par ce calme envahissant,
et, pour vous mettre à l'unisson, rêvez de quelque
souvenir ami, de quelque image clémente.

Le soleil défaille, les oiseaux, en quête d'un abri, ont un chant plus bref, un vol plus court; il en est qui abordent à votre arbre, et se renvolent soudain, bien surpris de vous y rencontrer.

Tous les bruits, toutes les voix se retirent des champs pour se réunir autour de la ferme, où le laboureur parle à ses aumailles, la bergère à son troupeau, la fermière à ses poussins.

Et maintenant que le silence a pris possession de la campagne, redoublez d'attention : celui que vous guettez va paraître, il va s'avancer sur cette scène paisible, et sans en troubler le repos ; car le lièvre que l'on a délogé de son gîte, pendant la journée, y revient infailliblement à la tombée de la nuit.

Dès qu'il y a suffisamment d'obscurité et de silence pour cela, sortant on ne sait d'où, il démasque tout à coup son élégante silhouette, soit au-dessus d'un sillon, soit au tournant d'une haie, soit au revers d'un sentier. Son aspect, que n'annonce aucun bruit, est toujours saisissant pour le guetteur, auquel le cœur ne saurait manquer de battre, à la vue de cette apparition désirée.

Une fois debout, le lièvre demeure un instant immobile, on dirait qu'avant de se risquer, il veut laisser le temps à ses yeux de contrôler le témoignage de ses oreilles, qui l'ont averti, pendant qu'il se tenait moulé au gîte, que tout était tranquille autour de lui.

Cette inspection faite, il paraît se rassurer et commence à se déplacer à petits pas, à petits bonds. Ses oreilles, cependant, toujours en jeu, montrent assez qu'il n'est pas sans appréhensions. Soit effet d'un naturel ombrageux, soit souvenir des épouvantes que tout lièvre a subies plus d'une fois en sa vie, on ne le voit jamais confiant qu'à demi. Défiance bien justifiée, quand on songe que de ceux qui se font de son trépas une fête, la campagne qui l'environne est remplie.

Cependant, à mesure que le jour décroît, le lièvre paraît s'enhardir, et lorsqu'est fait le crépuscule, se sentant moins en vue, il s'égaye, se prend à bondir, à faire de la patte un bout de toilette. Bientôt mordillant la pointe de l'herbe, il détire ses jambes secourables, arrondit son pauvre râble, et se met au gagnage.

Du haut de votre arbre, vous ne perdez rien de tous les détails de ce tableau, rendu plus intéressant pour vous par l'expectative de voir cette belle proie venir à portée du fusil, dont votre doigt ne cesse de caresser la détente.

Parfois le lièvre se rapproche, d'autres fois il s'éloigne ; il est des moments, ô péripétie ! où vous le croyez perdu pour vous, et d'autres où il vous semble le tenir, car il n'a plus que quelques pas à faire pour arriver à bonne distance.

On a comparé le plaisir du chasseur à l'affût, à celui du pêcheur à la ligne ; mais il y a, entre ces deux passe-temps, une grande différence ; le pêcheur à la ligne, ignorant ce qui se fait au fond de l'eau, ne saurait voir, dans ses allées et venues, le poisson qu'il guette, tandis que l'affûteur, témoin de tous les mouvements du gibier,

10.

qui tantôt avance et tantôt recule, sent son cœur parcourir en son entier le clavier des émotions humaines.

Du reste, c'est là le moment pour nous de considérer le lièvre à loisir, car le voilà bien à lui. On dirait que le son de la cloche qui tinte, tinte par delà le bois, vient de lui donner le signal d'une sorte de trêve de Dieu. Il se livre à des bonds sur place, se met droit sur son arrière-train, en une pose de kanguroo, fait un trait de galop, le coupe court, et revient. Tout cela avec une gentillesse infinie ; car, timide, il a toute la grâce des timides. Peureux et gracieux comme un enfant, inoffensif, ne détruisant aucune vie, il est détruit, non-seulement pour le besoin, mais encore pour le plaisir de détruire. A l'homme civilisé, auquel il ne reste rien des instincts sanguinaires de la barbarie, il reste encore, inné, un penchant à tuer le lièvre.

Le dirai-je? ce malheureux animal, qui a tant servi aux plaisirs du gentilhomme, me paraît avoir lui-même quelque chose de noble. Sec,

alerte, haut jambé, il y a de la distinction dans
ses formes amaigries. Bien différent du lapin,
dont il s'écarte autant par les mœurs, qu'il s'en
rapproche par le signalement, il vit seul, en personne qui a conscience de sa valeur, qui sait son
prix.

N'engraissant jamais, il échappe à la vulgaire
obésité, qui altère la pureté des formes, l'aisance
des mouvements, le nerf des muscles et leur libre jeu.

Le lapin fouit la terre, il houe comme un
paysan qu'il est ; le lièvre ne travaille pas : plutôt que de s'assujettir à un grossier labeur, il
préfère dormir sur la terre nue et y déposer à
cru sa géniture.

Rêver est sa seule besogne : il est songeur
comme le sont ceux qui ont un avenir et un
passé.

Son passé est bien à lui ; car dédaigneux des
espèces voisines, n'ayant point forligné, il a su
conserver sans l'adultérer jamais la netteté de sa
race. Rebelle à toute domesticité, comme à tout

métissage, il n'existe que par l'effet d'une fidé-
lité sauvage à son sang et à sa liberté.

Il est de race, et c'est même à cette qualité,
qui n'est autre chose que la force que l'on puise
dans un sang à soi, que le lièvre doit d'être en
quelque sorte indestructible. Désarmé comme
l'a fait la nature, tuable comme l'a fait l'homme,
conçoit-on qu'il y ait encore des lièvres au
monde? Chiens et chasseurs battent une contrée
pendant tout un automne et tout un hiver, y
tuant des lièvres tant qu'il s'en trouve, eh
bien, qu'un printemps passe là-dessus, et voilà
cette contrée regarnie de lièvres, comme si de
rien n'était.

Il y a dans cette ténacité à vivre, à résister à
la destruction, tout en tenant tête aux pires fortunes, une vraie distinction de nature, laquelle
se manifeste, chez le lièvre aux abois, en une
pratique véritablement touchante.

Lorsque, fuyant éperdu devant la meute qui
le presse, en proie à la vitesse, au bruit, à la
peur, il se sent atteint, il se sent vaincu, quel est

le dernier sentiment qui survit en lui? L'amour du lieu natal. Recourant aux forces qui lui restent, il se détourne, fait un crochet, et revient au champ qui l'a vu naître : il y revient, non qu'il puisse ni l'abriter, ni le secourir, mais pour le fouler une dernière fois, pour le revoir, pour y mourir, mourir au gîte !

Hélas ! ces attributs de noblesse et de grâce départis au lièvre ne sont, quand on le voit du haut d'un affût, que des dons funestes, qui rendent encore plus désirable sa capture ; et moi, qui écris ces lignes, que de fois, le voyant enfin à bonne portée, j'ai fait feu sans pitié !

La chasse, comme la guerre, dont elle est la sœur aînée, rend féroce. Cela dit, revenons à nos engins.

Revenons à nos engins, et demandons-nous si les chasses au piéges ne peuvent intéresser que le paysan. Elles m'ont retenu aux champs, n'y retiendront-elles que moi? ne pourra-t-il se former, grâce à elles, de ces liens d'enfance, qui, toujours mal rompus, finissent par ramener le fils de famille au manoir?

Le grand publiciste Machiavel, renversé du pouvoir, dont la privation désenchantait sa vie, ne savait plus goûter qu'un seul plaisir, celui de tendre des piéges aux oiseaux. Et ce grave penseur, ce profond politique, s'estimait heureux lorsque sa matinée, ainsi employée, lui rapportait deux grives. Lui-même nous le dit en ses Mémoires. Deux grives! tant il est vrai que la chasse aux engins détruit peu de gibier!

La chasse aux piéges a l'avantage de convenir à tous les âges : on la fait sans fatigue. Ce n'est plus l'homme qui chasse, c'est la haie, c'est le sillon. Offrant une récréation ininterrompue, elle porte celui qui la dirige à s'intéresser à une foule de choses, qui ne le toucheraient guère sans cela : telles que progrès des saisons, état du temps, qualité de la journée. Les brumes de septembre, qui ont le secret d'engraisser en quelques heures les petits oiseaux, ne sauraient lui être indifférentes ; le vent de sud, qui accélère la venue des grives, lui donne de la joie ; une belle matinée d'automne, claire et calme, qui met en train les becfigues, le met en train lui aussi. Autant une promenade sans but est fatigante, autant la promenade occupée de celui qui visite ses tendues, pour ramasser de jolis oiseaux, qu'on tient tout vivants dans la main, est un exercice fortifiant, savoureux.

Tous ces piéges, que l'on dresse, que l'on dispose plus ou moins avantageusement, constituent une sorte de jeu entre le chasseur et le gibier. On aime, tout le long de la journée, à jouer cette partie-là, dont le gain sera, en septembre, des rossignols et des mûriers ; en octobre, des ailes-bat, des traquets et des fauvettes ; en novembre, des rouges-gorges, ces becfigues de l'hiver.

Et puis, considération qui a son importance : de la pratique de la chasse aux piéges découle une surveillance minutieuse du domaine. On le parcourt le jour, on le parcourt la nuit. Il n'y a pas de bois mieux défendu que celui où sont disposés des rejets à prendre des mauvis ; il n'y a pas de vigne mieux gardée que celle où est établie une chasse aux ortolans.

Ah ! la chasse aux ortolans, que j'aurais aimé à la décrire ici, si je n'avais craint de paraître long aux yeux de ceux qui ne goûtent pas ces matières ! qu'elle est bien entendue, qu'elle est savante !

J'ai plusieurs fois pensé que les paysans, qui sont à coup sûr les inventeurs de tous ces engins de chasse, dont ils ont si bien calculé les effets, prévu les résultats, ont donné là une preuve de sagacité remarquable ; mais, réflexion attristante, ces mêmes engins que nous ôtons aujourd'hui au paysan, il les a conquis, en des âges calamiteux, à force de privation et de misères ; c'est sous l'empire de la nécessité que son esprit, contraint par la faim, a trouvé ces piéges divers, au mécanisme si ingénieux et si simple, lesquels, alors que tout lui faisait défaut, sur un sol en proie aux épidémies, aux guerres, aux famines, ont seuls pourvu à sa subsistance. A ce point de vue, que je crois vrai, les piéges à gibier, encore aujourd'hui en usage, seraient les restes pieux des frêles instruments auxquels des générations humaines ont dû la vie.

Maintenant, si nous passons à des considérations d'un tout autre ordre, et qui ont leur importance, à des considérations culinaires, nous dirons que la chasse aux piéges doit être permise, par le motif que les petits oiseaux, tués au fusil, ne sont plus mangeables. La violence de la charge les meurtrit et les broie; elle les éventre, ne faisant qu'une plaie de leurs délicates petites chairs. Toute leur suavité se perd par mille blessures. Criblés, saturés d'un plomb menu, appelé cendrée, ce plomb est en partie avalé par le malheureux gourmet, qui, d'un oiseau rôti, ne laisse que le bec; et Dieu sait de quelles affections intestinales un aussi implacable poison peut devenir la cause ignorée.

Comparez au becfigue, mis en pièces par un coup de feu, celui qui, pris au trébuchet, au filet ou au lacet, sans autre mal que la peur, n'offre aux regards, une fois plumé, qu'un ovale de graisse intact, ce qui lui permet de supporter la cuisson sans rien perdre ni de sa graisse exquise, ni de ses sucs divins, ni de ses merveilleux petits boyaux.

Disons que, grâce à Dieu, les petits oiseaux ne peuvent se manger bons qu'à la campagne. Ceux que l'on vend au marché, que sont-ils au prix de ceux qui, pris le matin, rôtis le soir, sont consommés sur place et passent, comme on dit, de broc en bouche !

Ah ! n'enlevons aux champs aucuns de leurs avantages, si minimes qu'ils soient! ils vont leur être utiles, car, je ne crains pas de l'annoncer, le goût de la campagne va renaître. Les villes, pour avoir mis trop de recherche à s'attacher leurs hôtes, vont se les aliéner. On n'aime pas longtemps qui fait tant de frais pour plaire. Il faudrait bien peu connaître le cœur humain, pour ne pas pressentir qu'il finira par se lasser de magnificences sur magnificences, et surtout de ce premier luxe de la demeure, qui oblige à tous les autres luxes : comment l'ameublement ne serait-il pas à l'unisson de l'appartement? comment le vêtement ne serait-il pas en rapport avec l'ameublement? Oui, le luxe des édifices donne la note, si je puis dire, à tous les autres luxes. C'est de cela qu'on se lassera.

On se lassera de ces embellissements des cités qui, loin d'être un progrès, sont une rétrogradation; car ces architectures excessives, pour lesquelles on épuise de bras le sol cultivable, nous ramènent aux Babylone, aux Pyramides, aux Babel même, n'étant ni moins folles, ni moins ruineuses.

Avant peu, une foule de personnes sensées, de familles prévoyantes, fuiront les rues pour les sentiers, et je voudrais qu'alors les champs pussent leur offrir quelques récréations; or la chasse aux piéges est une de ces récréations; elle n'est point pénible, c'est moins une chasse qu'une cueillette d'oiseaux.

Je ne voudrais pas entendre, chaque année,

les conseillers généraux crier au préfet : Guerre aux engins ! guerre aux engins !

Les malavisés, c'est comme s'ils criaient : Guerre aux paysans !

Terminons ce chapitre par une considération que le cœur maternel ne trouvera pas sans valeur : c'est que bien différent du fusil, dont l'usage, chaque année, met en deuil plusieurs familles, l'engin ne saurait occasionner, à qui l'emploie, ni mort ni blessure.

VI

QUELLES SONT LES VRAIES CAUSES DE LA DIMINUTION DU GIBIER?

Cette cause de la diminution du gibier que nous n'avons pas trouvée dans la chasse aux piéges, elle est en grande partie dans un ensemble de cultures plus soignées aujourd'hui qu'autrefois. Ce n'est pas le braconnage, c'est la bonne agriculture qui fait que les campagnes sont de moins en moins giboyeuses. Mieux on cultivera, moins les nichées et les portées auront chance de venir à bien. Avec le système des doubles et même des triples récoltes annuelles, sur un même terrain, les champs ne sont, pour ainsi dire, jamais vides de travailleurs. On arrache partout les bois, on arrache partout les haies, plus de fourré, plus de couvert. Les vignes que nos pères façonnaient deux fois l'an, nous nous sommes mis à les façonner quatre fois l'an. Les soufrages, par surcroît, les remplissent, presque sans interruption, de femmes et d'enfants ; quel liévreteau, quel lapineau pourrait échapper à des yeux si bien voyants ? Les jachères n'existent plus ; nul repos à la terre ; partout le bruit du hoyau ou de la cerfouette ; on bêche même les taillis, on sarcle même les prairies. Les mots pâtis, garigues, champeaux, gâtines, ne se comprennent plus. Où pourrait se réfugier le gibier ? celui à poil n'a plus de broussailles, celui à plume n'a plus de branchage. Le déboisement leur porte le dernier coup ; pour eux nul abri : l'œil du gerfaut, planant au-dessus des campagnes dénudées, les voit à découvert en tout lieu, en toute saison.

Si le progrès agricole contribue à la diminution du gibier, le progrès industriel y contribue aussi de son côté ; car, à mesure que l'homme devient plus puissant pour attaquer, l'animal devient relativement plus faible pour se défendre. Il n'en saurait être autrement, puisque l'un progresse et que l'autre ne progresse pas.

Quand le mousquet remplaça l'arc dans la main du chasseur, le gibier dut diminuer ; quand le fusil succéda au mousquet, nouvelle diminution pour le gibier ; puis enfin, quand, de nos jours, l'arme à percussion a fait rejeter l'arme à silex, le gibier a dû subir une diminution plus forte encore.

Avec le fusil à pierre, il n'était question de chasser ni par la pluie, ni par le brouillard : la moindre humidité remouillant la poudre, l'empêchait de s'enflammer. De manière que c'était précisément par les journées où la piste était la meilleure, qu'il était plus difficile de chasser. Grand avantage pour le gibier !

Le fusil à percussion a corrigé cela : avec lui,

le coup part en dépit de la plus rude averse, et l'on chasse par toutes les intempéries.

Les perfectionnements apportés à l'arme de chasse, voilà donc une très-appréciable cause de diminution du gibier ; une autre cause, qui le dirait? ce sont les chemins de fer. Grâce à eux, le chasseur ne se borne plus à giboyer autour de chez lui; il peut, en quelques heures, se transporter sur un bon canton de chasse, ce canton fût-il à trente lieues. Dès qu'un terrain giboyeux est signalé, tous les chasseurs y accourent. De telle sorte que ce recoin qui, par le fait, soit de son isolement, soit de sa nature marécageuse, silvestre ou landaise, avait été jusque-là une pépinière à gibier, devient pour lui, au contraire, le railway aidant, un champ clos d'extermination.

Mais veut-on savoir quel est le destructeur de gibier par excellence, celui qui cause, à lui seul, plus de dommage que tous les braconniers et carnassiers ensemble ? C'est le chat domestique.

Ce qu'il dévore de nouveau-nés, de tout genre,

est incroyable. On ne saurait y réfléchir sans en être véritablement indigné.

Examinons le fait, en appuyant sur les détails.

Remarquons, en premier lieu, que le chat n'est pas simplement, comme toute autre bête de carnage, un consommateur de telle ou telle espèce, mais qu'il en est encore un exterminateur. Aussi le mettons-nous dans nos demeures afin de les nettoyer de rats et de souris, tâche dont il s'acquitte à merveille, car moyennant qu'il y ait un libre accès, il y raflera tout jusqu'au dernier survivant. Le loup, le renard, le chien, etc..., diminuent la quantité des bêtes à poil et à plume qu'ils giboient, mais ils n'en exterminent pas l'espèce. Il reste des lapins, des lièvres, des perdrix, autour du terrier du plus fin renard; le putois, la belette, nuisent au poulailler, mais le gros de la basse-cour échappe.

Et comment le chat, avec les formidables moyens d'attaque dont est pourvue sa férocité, ne ferait-il pas table rase? Ses yeux sont combinés de manière que, plus il fait sombre, plus ils voient clair ; au fort des ténèbres, parcourant les campagnes, où, ramollies par la rosée, l'herbe et la feuille sèche se laissent froisser sans bruit, il s'avance sur un sol tout de velours, et le voilà au milieu de tout le gibier d'un domaine, qui vient de vider, sans défiance, gîtes et clapiers. Il ne perd rien de leurs ébats : la scène est éclairée *a giorno* pour lui, l'ombre n'est que pour ses victimes. Fascinateur, rampant, soufflant, comme une couleuvre, il est proprement le serpent de la nuit.

Ses serres valent celles du vautour, et, par-dessus tout, il possède, pour l'agression, une ressource infaillible, foudroyante, c'est le bond, sorte de balistique naturelle, à l'aide de laquelle, saisissant sa proie, pour ainsi parler, à distance, il lui arrive instantanément dessus, comme un boulet.

De plus, le chat sait guetter : il sait user de cette patience perfide, de cette immobilité appliquée, dans laquelle se complait l'affûteur. Masqué d'une touffe d'herbe, d'une motte de terre, il attend sans bouger, sans remuer même les yeux, dont les pupilles élargies ouvrent à son observation un champ illimité.

Quand la proie, attirée peut-être par cet enivrement occulte que nous nommons fascination, arrive à bonne portée, le guetteur n'a qu'à détendre les jarrets pour que la faible bestiole se trouve dans ces formidables griffes, qui pénètrent dans les chairs, en s'y recourbant, comme autant d'hameçons.

Assimilation admissible, car j'ai vu des chats happer de la patte, au bord des carpières, jusqu'à des poissons, tant a de force l'instinct meurtrier qui les anime !

Qui le croirait, et qui n'en serait révolté ! pendant que le rossignol est tout au délire de son chant, le chat sait, à l'exemple du chasseur de coqs de bruyères, s'en approcher sans en être entendu. Je puis garantir le fait, en ayant été, pour ma part, une fois témoin. C'était au mois de mai ; je faisais autour du manoir une promenade de nuit, allant d'un rossignol à l'autre ; leur chant est toujours le même, mais combien l'accent varie ! J'en pouvais compter une demi-douzaine s'égosillant à qui mieux mieux.

Une chatte, très-familière, de l'espèce rustique à pelage tigré, à lèvres et à plantes noires, et qui a la propriété lorsqu'on l'irrite, d'exhaler une forte odeur de musc, s'attachait à mes pas. Je ne cessais d'ouïr son ron-ron, et de temps à autre, elle venait, en appétit de caresses, frôler au bas de mon pantalon, tantôt l'un de ses flancs, tantôt l'une de ses oreilles. Tout à mes chanteurs, je ne prêtais nulle attention à *Doucette*, quand, tout à coup, la voix, qui rossignolait à quelques pas de moi, prit fin d'une façon inusitée. Je ne pouvais m'expliquer un arrêt aussi soudain, lorsqu'un grognement de satisfaction bien connu, qui partait de la haie, me mit au courant de l'incident : la chatte croquait le rossignol.

En avril, au temps où les hirondelles reviennent parmi nous, et que, lasses d'un long voyage, elles s'alignent sur les poutrelles de nos granges, côte à côte, pour se réchauffer, nos malheureux chats en mangent à foison, témoin les nombreux petits bouts d'ailes noires dont les greniers sont alors jonchés.

Chaque fois que j'ai fait la chasse, soit aux ortolans et aux pinsons, dans les vignobles, à l'aide de cages trébuchantes ; soit aux mûriers, sur les buissons, au moyen de lacs à ressort ; soit aux mauviettes, en pleine jachère, avec des collets de crin ; soit aux grives, dans les bois, à l'aide de rejets, amorcés d'une alise, quel a été le déprédateur constant de ces diverses tendues ? Le chat, toujours le chat.

Il commençait à leur nuire dès le second jour de leur installation, tant cet éclaireur-là est prompt à tout découvrir !

Il ne faut pas croire au surplus que la voracité du chat ne s'adresse qu'aux oisillons ; j'ai vu des fuies dépeuplées par des matous, qui attendaient les pigeons à terre, leur sautaient à la gorge, et, ne lâchant point prise en dépit des plus vigoureux coups d'ailes, finissaient par s'en rendre maîtres.

Un paysan, mon voisin, qui a le petit défaut d'attraper, avant vendanges, les quelques perdrix de ses vignes, ayant négligé, certain soir, d'aller inspecter ses collets, y trouva le lendemain les ailes et les pieds d'une perdrix, dont le corps avait disparu. Mettant sur le compte du renard ce détournement fâcheux, il résolut d'en tirer vengeance, et, le soleil couché, grimpa se brancher, tout auprès, sur un gros cerisier, comptant bien que le glouton viendrait revoir des lieux chers à son souvenir. Il vint en effet, à la nuit épaisse, et le paysan le tua roide ; mais c'était son propre chat.

Chaque fois que géliniers, clapiers ou colombiers sont le théâtre de quelque massacre de nuit, et que l'on accuse la fouine, tendez-moi un traquenard, et, deux fois sur trois, ce sera un chat que vous prendrez. Ah ! que j'en ai détruit de cette façon !

Et puis, glissons sur ce détail, le chat a la

faculté, son estomac une fois rempli, de rompre charge, et de recommencer sur nouveaux frais; par quoi sa voracité, n'ayant pas à craindre de plénitude, ne s'arrête jamais.

Un très-grand avantage qu'a le chat sur les autres bêtes de rapine, c'est qu'il fait la guerre chez lui. Pendant que la genète, le putois, le loup, toujours en pays ennemi, sont à chaque instant distraits de leur chasse par le soin de veiller à leur sûreté; pendant que le renard, rôdant autour des métairies, d'où le tient éloigné la voix des serviteurs et des chiens, est obligé d'attendre, pour s'en approcher, que les blés grandis et les prairies hautes lui servent comme de chemin couvert, le chat, ami de tout le monde, peut appliquer à la seule poursuite du gibier toutes les ressources de son instinct.

Cet instinct vaut sûrement celui du chien, il le passe même, étant servi par de meilleurs organes, et par de plus nombreuses aptitudes.

Qui n'a vu avec surprise un chat transporté d'une habitation dans une autre, et transporté en un sac clos, revenir la nuit d'après à sa première résidence, y revenir à travers des étendues de pays, et parfois en passant des rivières, le long desquelles il avait dû chercher et trouver une passerelle?

Le chat, pour retrouver ainsi une route suivie en quelque sorte les yeux bandés, même sans toucher terre, doit être pourvu non-seulement d'un flair prodigieux, mais encore de sens à nous inconnus.

Nous ne nous doutons pas des sens départis aux animaux; nos raisonnements pèchent à leur égard par anthropomorphisme tout comme à l'égard de la Divinité; il va de soi que, pour suppléer à l'entendement qui lui manque, la brute a besoin de quelque chose qui le remplace, sans quoi nulle espèce n'aurait pu résister aux dangers qui la menacent et qui n'ont cessé de la menacer depuis son commencement. Le chat pourrait bien être doué d'une sorte de seconde vue, qui lui permettrait de voir à de grandes distances, et pour laquelle tout corps serait transparent comme pour nos yeux le verre et l'eau ; car s'il revient de fort loin à la maison qu'il habite, qui nous dit que ce n'est pas parce qu'il la voit de fort loin ? Voici un fait : je possède une chatte blanche, qui s'est habituée à moi, je ne dis pas *attachée*, au point de m'accompagner, comme un chien, partout sur le domaine [1]. Lorsque je vais à mes clapiers, tirer quelques lapins, j'ai soin de la consigner au logis ; mais il lui arrive quelquefois de rompre les arrêts, et alors, du haut de l'arbre où je suis au guet, je vois arriver de loin ma chatte blanche, qui accourt droit à mon affût ; et ce qui m'a toujours frappé, c'est qu'au lieu de suivre ma piste le nez à terre, elle la suit, la tête haute, et comme en regardant devant soi, c'est qu'au lieu de me flairer, elle me voit.

Si le chat dépiste son habitation à grande distance, comment ne dépisterait-il pas une nichée sous le feuillage ? Aussi est-il un terrible déni-

[1] On s'étonnera sans doute de me voir posséder des chats, moi leur accusateur public ; mais c'est parce que j'en ai toujours possédé que j'ai pu instruire leur procès en connaissance de cause.

nicheur. J'ai constamment remarqué que, d'avril à juillet, c'est-à-dire, au temps de la pariade, les chats ne mangent plus au logis. Les nids qu'ils vident suffisent à leur réfection.

Leur agilité, leurs griffes prenantes, leurs jambes, qui sont liantes autant que des bras, rendent pour eux facile l'ascension aux arbres, qu'ils parcourent avec aisance, de branche en branche, jusqu'au bout des rameaux.

La nuit, que de poussinées de perdrix, arrachées à l'aile de la couveuse, deviennent la proie de cet ogre! Car le chat est le rôdeur de nuit par excellence : pendant que le chien bat un champ à grands pas, le chat, qui ne précipite jamais rien, s'absorbant dans un examen minutieux, le furète piano piano pianissimo.

Il contrôle tout, odore tout, parce que tout lui est bon : dévorant indifféremment papillons, grenouillettes, lombrics, et jusqu'à de grands lézards verts.

Son flair, son regard fluidique, le rendent propre à éventer les cateroles, qui sont les trous

que la femelle du lapin creuse dans la terre,
pour y déposer ses petits, hors du terrier ordinaire.

Et tels sont les giboyeurs effrenés que nous
plaçons par cent et par mille dans nos campagnes,
où chaque demeurance a son chat pour pénates.
Comme de tous les animaux domestiques, il est
le moins cher à nourrir, le pauvre aime à le posséder : posséder est si doux ! et de cet entretien
du chat par le pauvre découle un surcroît de
dommage au gibier; vu que ce chat du paysan,
trouvant la viande absente de l'ordinaire de
son maître, comble, par la chasse, ce déficit
journalier.

Il est des habitations à la campagne qui sont
infestées de moineaux, dont il n'est pas facile de
se débarrasser. Voici pour cela un bon moyen :
ayez trois ou quatre chats, et privez-les de viande,
mais entièrement, pendant trois mois d'hiver;
qu'une gamelle de soupe au lait, renouvelée chaque matin dans les greniers, soit leur unique pitance. Le besoin de leur estomac les forcera à se

pourvoir de chair, et, après avoir détruit rats et souris, ils se jetteront sur les moineaux, qui, l'hiver, ne manquent pas de se rapprocher des maisons habitées.

L'exiguïté ou plutôt la souplesse de son corps permet au chat de se couler, ainsi qu'une couleuvre, dans les moindres terriers, et gare à Jeannot Lapin !

Une métayère, faisant devant moi l'éloge de son cher matou, assurait qu'il ne se passait guère de journée où il ne rapportât du dehors lapineau ou levraut, qu'on lui entendait croquer, en grommelant, sous la fonçaille du lit.

Le nombre des maisonnettes, dans les campagnes, allant sans cesse en augmentant à cause de l'accroissement non de la population, mais du désaccord dans la famille, il s'ensuit que l'engeance du chat domestique ne fait que multiplier : toute ménagère préférant, c'est son mot, « nourrir le chat que le rat. »

Chacun de nous aime le chat plus ou moins, nous l'aimons pour sa férocité même ; il nous plaît de tenir cette bête cruelle sur un de nos genoux, d'où elle émet, en feignant de dormir, une sorte de roucoulement flatteur. C'est là pour nous un très-joli diminutif de l'once et de la panthère ; mais, pour le gibier naissant, c'est bien une panthère tout au complet, devant laquelle perdreaux, faisandeaux, liévreteaux, ne sont que souriceaux.

On peut, je crois, sur l'évaluation d'une statistique modérée, porter à dix millions le nombre des maisons rurales, dont chacune contient au moins un chat, sinon plus. Voilà donc dix millions de félins, qui font radicalement obstacle à cette production spontanée de viande par le sol, qu'on appelle le gibier.

Je dis *radicalement* et je dis bien, car le chat détruit le plus souvent l'individu avant qu'il ait pu se reproduire, d'où pour l'espèce une perte incalculable. Le braconnier, détruisant autant, nuirait moins, puisque, parmi ses victimes, il y a des adultes qui ont pu laisser lignée.

Le très-grand péril de tomber sous la griffe du

chat vient donc s'ajouter, pour le gibier, aux divers dangers qui menacent les commencements de tous les êtres, et qui sont si grands que, dans l'espèce humaine même, une moitié des enfants périt avant la quatrième année, et que tout l'art de la pisciculture est renfermé dans cette seule pratique : préserver le bas âge de l'animal.

A supposer, ce qui est la plus restreinte évaluation possible, que chaque chat ne détruise pour sa part, et par année, qu'un seul petit lapin, qu'un seul petit lièvre, et qu'un seul petit perdreau, voilà pour tout l'empire, trente millions de têtes de gibier perdues pour la consommation et pour la reproduction. N'est-ce pas criant?

Quant aux oisillons pris dans le nid, c'est à coup sûr par milliards qu'il les faudrait compter.

Une chose que l'on n'a pas remarquée, je crois, dans les mœurs de l'intéressant petit quadrupède dont nous parlions à la fin du chapitre précédent, c'est, qu'à l'exemple de l'hirondelle et du passereau, le lièvre est un animal ami du voisinage de l'homme, et qui incline à se rapprocher des habitations : ainsi, il n'est pas rare de voir un lièvre venir se cantonner dans un jardin, franchir les murs de clôture afin de se gîter dans un enclos; on en a vu suivre le troupeau dans la bergerie; on en a découvert dans le cellier à bois, etc., toutes hantises inconnues au lapin et à la perdrix. Si les chats n'y mettaient obstacle, les lièvres feraient tous leurs petits à l'ombre de notre toit, où ils sentent que leur faiblesse trouverait un abri contre bien des périls; mais tous les petits qui naissent là sont nécessairement la proie de la male bête que nous hébergeons; car ce que le chat fait dans nos demeures à l'encontre des souris, il le fait, soyons-en sûrs, aux champs, à l'encontre du gibier.

Donc, que nulle considération n'atténue notre verdict en faveur de ce braconnier de nuit. Que tout chasseur, qui le rencontrera, le mette à mort. Nulle victime ne saurait être aussi agréable à saint Hubert, le bénoît sire : je crois l'avoir démontré.

Si le chat nuit au gibier, le chien y nuit aussi de son côté. Il y nuit aujourd'hui beaucoup plus qu'autrefois, par la raison qu'autrefois le gentilhomme seul ayant qualité pour chasser, possédait à cet effet une meute, laquelle meute n'allait pas sans un chenil, dans lequel, pendant tout le temps qu'ils n'étaient pas employés à chasser, les chiens gardaient étroitement les arrêts.

Avant 89, toute ordonnance royale, concernant la chasse, commençait invariablement par ces mots : Ne point laisser les chiens en liberté; ne point les laisser sortir sans une laisse ou un billot.

Aussi, afin de se tenir en règle, n'avait-on pour chiens de garde que des mâtins à trois pattes, qui clopinaient autour des maisons. On leur rognait, à cet effet, un jambe, sitôt leur naissance.

A présent, le chien est tout à fait émancipé : on ne le renferme plus, et après lui avoir enseigné à découvrir et à atteindre le gibier, on lui laisse la liberté d'exercer ce petit talent tout à son aise.

Il ne manque pas de l'exercer pour son propre compte : chassant en toute saison et à toute heure.

Ouvrez, la nuit, votre croisée, lorsque vous êtes à la campagne, vous entendrez presque toujours quelque chien donnant de la voix, sans compter ceux qui giboient en silence, et dont la chasse, par conséquent, n'est que plus fructueuse.

Je ne veux pas, faisant pour la gent canine ce que je viens de faire pour la gent féline, je ne veux pas me mettre à détailler par le menu toutes les déprédations qu'il faudrait imputer à la multitude des chiens, qui, sachant chasser, chassent librement, même en saison indue; mais il est évident que le gibier qu'ils détruisent constitue, chaque année, un contingent énorme.

VII

LES PETITS OISEAUX SONT-ILS UTILES A L'AGRICULTURE?

Qui n'a remarqué, dans les chemins champêtres, ces étroits sentiers qui, serpentant entre
l'ornière et la haie, sont comme les trottoirs de
nos voies agrestes? Ce qu'il y a de particulier
dans ces sentiers, c'est qu'ils sont tous tortueux;
et ce qu'il y a de particulier dans ceux qui les
pratiquent, c'est que nul ne songe à les redresser. Chacun les suit en assujettissant ses pas
à leurs sinuosités diverses. Bien qu'aller droit

accourcisse, tout passant allonge bénévolement, sans que l'idée lui vienne jamais de rectifier ces inflexions absurdes, qui demeurent les mêmes à perpétuité !

On a vu des vieillards, après une absence de quarante années, pleurer d'attendrissement en retrouvant, le long des chemins de leur village, tous les sentiers à leur place, sans que rien eût été changé dans leurs sinuosités bien connues. Ils les retrouvaient tels que les avaient laissés, et les pas de leur enfance, et les pas de leurs aïeux ; car ces vestiges d'un cheminement aveugle sont sûrement la plus durable trace que puisse laisser le pied de l'homme ici-bas. Ils sont comme éternels : nés d'un besoin d'imitation qui ne passe pas, ils ne passent pas non plus. Les générations se succèdent à la file, sur leur étroite trace, sans en altérer la ligne invariable.

Eh bien, de ces sentiers, auxquels nos pieds se conforment, il en existe non-seulement à travers les campagnes, mais encore à travers le monde moral. L'histoire, la philosophie, ont leurs sentiers, l'art a les siens, la poésie aussi et la science agricole aussi. Nos idées, comme nos pas, vont à la suite les unes des autres : là où l'une d'elles a passé, les autres passeront sans prendre garde aux détours de la route : pourvu que le sentier soit battu, cela suffit.

Or, il se trouve que j'ai à redresser ici l'un des cheminements les plus tortus du domaine agricole, lequel consiste à suivre, en sa manière de voir et de dire, le premier qui a fait des petits oiseaux les auxiliaires des cultivateurs, qu'ils délivrent, à l'entendre, d'une foule d'animalcules rongeants dont ils furent établis les destructeurs naturels par la Providence, qui les a faits tout exprès pour contre-balancer, par les exigences de leur appétit, la pullulation des insectes, dévorés par eux sous la quadruple forme d'œufs, de larves, de chrysalides et d'insectes parfaits.

Cette manière abusive d'envisager les choses, qui rappelle les courtes vues des *causes finales*, a été poussée si loin que l'on n'a pas craint d'écrire que, si nous avions l'oïdium sur nos vignes, la faute en était à l'insuffisance numérique des petits oiseaux, dont plusieurs espèces assurément devaient se nourrir des imperceptibles semences de ce parasite. Pourquoi pas aussi de celles du choléra-morbus?

Eh bien, fort de mon expérience, je viens déclarer, seul contre tous, que les petits oiseaux consomment très-peu de larves, très-peu d'insectes, et pas du tout de chenilles.

PREMIÈRE OBSERVATION. — On mange habituellement les petits oiseaux sans les vider, à cause qu'ils sont meilleurs ainsi. Une répugnance *sui generis* m'a toujours empêché de me conformer à cet usage. Je fais débarrasser de leurs viscères tous les oiselets, quels qu'ils soient, que je fais embrocher. J'y perds, je le sais ; ils sont moins succulents, moins savoureux, moins amers, mais qu'y puis-je? le dégoût l'emporte, et l'idée de manger un contenu d'entrailles déjà fécalisé, et un contenu d'estomac encore en nature, me fait impérieusement la loi. Les délicats sont malheureux.

13.

Je fais donc vider tous les oiseaux que je dois manger, et, durant la saison, j'en mange, je le confesse, tous les jours, moins le vendredi; or, il ne m'a jamais été possible de voir dans leur jabot, soigneusement dépouillé, même à la loupe, la moindre trace de chenilles; en fait d'insectes, je n'y ai trouvé que des moucherons, et encore en bien petite quantité.

Dans l'estomac de la bécasse (avis aux gourmets) j'ai reconnu force vers de terre, force stercoraires, force sangsues, etc., ce qui n'était pas fait pour m'engager à manger, étendu sur une rôtie, un pareil ramassis.

Deuxième observation. — Ayant eu à amorcer un grand nombre de petits piéges, pour lesquels j'étais souvent à court, j'ai dû essayer de bien des appâts divers, tels que baies, insectes, fruits, annelides, et jusqu'à des chrysalides de mouches: jamais, en amorçant mes trébuchets d'une chenille quelconque, je n'ai pu prendre un seul oiseau.

Troisième observation. — Le potager du manoir que j'habite est entouré de murailles, le long desquelles règne une figueraie, dont j'ai le mal au cœur, chaque automne, de voir piller par les oiseaux toutes les figues. Il y a là une nuée de subulirostres, de passereaux, que ni plumails ni drapeaux ne peuvent éloigner. Auprès des figuiers, sont des carrés de choux, mangés de chenilles jusqu'aux nervures, jamais un oiseau ne descend en avaler une, bien qu'il n'y ait rien pour les écarter; ils aiment mieux aller aux figuiers, en dépit des épouvantails dont chacun de ces arbres est armé.

La poule, ce volatile omnivore, auquel j'ai vu avaler même des souris vives, la poule ne mange pas de chenilles. Le canard, ce mangeur de choses immondes, n'en mange pas non plus.

Et remarquons-le, il y a une raison pour que les chenilles, les larves, les chrysalides, ne soient pas dévorées, la nature ne laissant pas facilement détruire l'être appelé à fournir des métamorphoses successives, avant qu'il les ait accomplies. Une chose protége la chenille, c'est qu'elle doit être papillon. La carpe est bien vorace, et cependant la carpe ne mange pas le têtard de grenouille, bien qu'elle mange la grenouille adulte. En avril, limaçons et chenilles dévorent les feuilles de la vigne et des arbres à fruits ; mais ils ne touchent pas à la manne, qui doit être le raisin, ni à l'embryon, qui doit être le fruit.

Mais, lors même que les oiseaux se nourriraient de chenilles, de larves, de pucerons, de papillons, etc., ils n'en consommeraient jamais assez, vu leur nombre relativement restreint et celui innombrable de tous ces animalcules, pour en arrêter les ravages. Les infiniment petits sont les infiniment féconds. Pensez à l'effrayante multiplication de ces insectes, qui effectuent, individuellement, mois par mois, des pontes de plusieurs milliers d'œufs, et dites-moi si vouloir faire détruire, insecte à insecte, une telle multitude, ce n'est pas approchant comme vouloir tarir l'Océan, en y prenant l'eau goutte à goutte.

Au reste ces oiseaux, sur lesquels vous comptez pour écheniller le pays, sont à peu près tous des oiseaux de passage, qui ne font que traverser nos climats, et comme il les traversent, en été et en automne, juste au moment où les haies sont chargées de baies, les arbres de fruits, les ceps de raisins, le sol de graines, se détourneront-ils d'un pareil régal pour se jeter sur des insectes dont ils sont, à tout le moins, très-peu friands ?

Les fruits s'offrent d'eux-mêmes, ils se présentent, pour ainsi dire, tout servis, tandis qu'il faut chercher les insectes, les poursuivre, les atteindre. Voyez ce qu'il en coûte, pour se nourrir de moucherons, à l'hirondelle, qui, toujours à la rame, est obligée de tirer de l'aile tant que le jour dure. Les autres oiseaux, les arboricoles, volent pour le plaisir de voler ; la pauvre hirondelle, volant pour se nourrir, ne connaît aucun des loisirs des frugivores et des granivores, qui, voltigeant d'arbre en arbre, de buisson en buisson, passent une partie de la journée assis sur la branche, à faire un brin de toilette, à dire un bout de chanson.

Remarquez encore que si les petits oiseaux se nourrissaient d'insectes, leur chair en étant infectée, comme l'est celle de l'hirondelle, en deviendrait immangeable, au lieu qu'elle est, au contraire, d'une suavité irréprochable.

Puisque le législateur entend veiller à la conservation des destructeurs d'insectes, je me permettrai de lui en désigner un qui est un insectivore bien caractérisé, un insectivore exclusif, et qui a grand besoin qu'on le protége : c'est le crapaud que je veux dire.

Les gens de la campagne ont pour lui une aversion qui se traduit en traitements barbares. Il ne leur suffit pas de le tuer, ils se complaisent à le regarder souffrir : le pal, l'estrapade, la vivisection, le cadre de feu, tout l'arsenal enfin des supplices du bon vieux temps est encore en usage contre ce malheureux, que j'ai toujours défendu le plus possible auprès de mon petit peuple de travailleurs, et que je voudrais défendre encore ici, auprès de vous, ami lecteur.

Voir un crapaud, le tuer du plat de son outil, c'est tout un pour le rustre, dont l'animosité à cet égard est si vive, qu'il ne frappe jamais l'infortuné reptile sans une sorte de formule imprécatoire, laquelle lui vient tout naturellement à la bouche.

Et pourtant, si d'un côté, l'horreur dont est armé le crapaud nous porte à le détruire, de l'autre, son utilité devrait nous engager à le laisser vivre.

On peut définir le crapaud : un gobe-mouche animé. Sa langue disposée tout exprès pour happer les animalcules, est, à l'inverse de toutes les langues, attachée, non au fond de la bouche, mais à la lèvre inférieure. De plus elle est fortement visqueuse. Quand le crapaud se trouve à portée d'un insecte, il lui crache dessus sa langue qui l'englue, puis il rembouche, prestement, et cette langue et l'insecte qui s'y trouve collé. Par les jours d'orage, alors que la lourdeur de l'air oblige hyménoptères et diptères à se rapprocher du sol ; ou bien, en automne, par des après-midi chaudes et calmes, quand essaiment les fourmis ailées, qui n'a été témoin de la quantité de crapauds qui vont sautelant le long des haies? C'est le moment pour eux d'une grande chasse : leur langue, toujours en jeu, gobe insecte sur insecte. Lorsque ces mêmes insectes se tiennent au haut de l'atmosphère, le crapaud se nourrit de leurs larves et de leurs nymphes, que son œil magnifique, de pourpre et d'or, sait très-bien apercevoir.

Tout en détruisant force animalcules, le crapaud ne nuit à rien ; en peut-on dire autant des petits oiseaux ?

Les petits oiseaux se conduisent un peu, à l'égard de nos récoltes, comme le prince de la fable à l'égard du potager, dont un lièvre broutait les choux ; ils nous font payer cher, très-cher, leur intervention.

J'ai vu des champs de colza et de froment réduits à la paille sèche, j'ai vu les porte-graines des chènevières pillés à fond par les granivores, j'ai vu des vignes dont toutes les bordures étaient réduites à la rafle seule, grâce à ceux que l'on appelle les auxiliaires de l'agriculture. Quel mal ne font-ils pas, ces singuliers auxiliaires, à tous les fruits de nos vergers, ainsi qu'aux champs de millet et d'avoine ? quel mal ne font-ils pas au semis des prairies nouvelles, et aux prairies anciennes, qu'ils empêchent de se ressemer, en mangeant les graines tombées sur le sol pendant la fenaison? N'est-ce rien, dans une pièce de froment ou dans un clos de vigne, qu'une poussinée de perdreaux à nourrir? Buffon assure qu'un couple de moineaux consomme annuellement 20 livres de blé; à cinquante couples, au moins, par habitation bourgeoise, cela fait près de 7 hectolitres, juste de quoi nourrir un paysan et sa femme.

Quand je porte à cinquante couples le nombre des moineaux fixés autour d'un manoir, je suis loin d'exagérer, car, à Seigneuret, je me rappelle avoir tendu, une fois entre autres, pendant une quinzaine de soirées, un filet de soie de 100 pieds de long, dans un taillis où les moineaux se réunissaient par vols épais, à chaque fin de journée, pour y faire leur chamaillis, et j'en attrapais quotidiennement de cinq à six douzaines. C'est même, de toutes les chasses que j'aie pu pratiquer, la seule dont le produit ait dépassé mon attente. Or, quand je cessai cette chasse, le nombre des pillards ne paraissait pas avoir diminué.

Je la cessai, je l'avoue, parce que la chair du moineau, vu sa fadeur, n'est pas bonne à manger. Le paysan s'en accommode cependant, et même s'en régale : laissez donc chasser le paysan.

Laissez-le chasser par la même raison qui portait les Thessaliens à laisser vivre les cigognes, qui sont mangeuses de serpents. De par la loi, tout ciconicide était puni de mort. Voilà entendre l'intérêt général ; mais que nous sommes loin de pareilles mesures !

O vous qui demandez que les oiseaux pullulent, n'avez-vous pas l'exemple de l'Afrique, où

ils ont pu multiplier tout à leur aise ? Qu'en
est-il résulté? Il en est résulté qu'ils y sont devenus le pire fléau de l'agriculture ; jusque-là
que l'infortuné cultivateur n'y saurait quitter son
champ même un jour, même une heure, sans
risquer de le voir dévorer par des nuées d'oiseaux
que sa fronde, son fusil, sa clameur, parviennent
à peine à en éloigner.

De plus, remarquez-le, ces nombreux oiseaux
n'empêchent point l'invasion des sauterelles,
dont ils ne dévorent apparemment ni les œufs, ni
les larves, ni l'insecte même.

Vous le voyez, loin de nous venir en aide, les
oiseaux nous nuisent ; ils nous nuisent peu quand
ils sont, comme en France, en petit nombre; ils
nous nuisent beaucoup, quand ils sont en grand
nombre, comme en Algérie.

Mais le seul, l'infaillible destructeur d'insectes,
celui sur lequel nous pouvons sûrement compter,
c'est l'INTEMPÉRIE ! Contre le débordement des
animalcules, il n'est pas d'autre digue. Il y a de
certaines pluies d'orage, de certaines rosées

d'avril, qui font périr dans l'œuf des larves par milliards. Il suffit d'un rayonnement nocturne pour supprimer toute une génération de pucerons, nés d'un rayon de soleil, morts d'un rayon de la lune rousse. Le moment de l'éclosion, tant des œufs que des chrysalides, est une crise difficile, exigeant, à jour dit, un dosage particulier, dans l'air, d'électricité, d'humidité et de chaleur, lequel dosage ne se rencontre pas toujours.

Les limaces arrêtent toute plante en son germe, une sécheresse survient, et les limaces ne sont plus. Les chenilles surabondent, chaque feuille a la sienne ; une persistante bruine tombe sur une de leurs mues, et les chenilles ont vécu.

L'intempérie agit sûrement, parce qu'elle agit radicalement, universellement.

C'est l'atmosphère qui tue et qui vivifie. La terre porte, pour tous les êtres, dans les plis de sa robe immense, la mort et la vie. En 1720, Marseille gémissait sous la plus terrible épidémie.

Ni prières, ni dévouements, ni prudence, ne pouvaient conjurer le fléau, quand arrive, tout à coup, du nord-ouest, un coup de mistral, et la peste est ôtée de dessus la ville.

Comptons sur les météores : sachons attendre le secours qu'ils ne manqueront pas de nous apporter ou plus tôt ou plus tard, et que l'agriculture n'aggrave pas les maux dont elle souffre, par l'emploi de remèdes qui sont des maux eux-mêmes.

VIII

LES PETITS DÉNICHEURS

Au point de vue d'une sage économie rurale, c'est une grande faute de dégoûter le paysan de sa condition, en le gênant dans la jouissance des plaisirs qui y sont naturellement attachés. Les ordonnances, faites en faveur de la conservation des petits oiseaux, ne diminuent que bien peu le ver blanc, la pyrale ou le cossus; mais elles diminuent, et plus qu'on ne le pense, le personnel des campagnes. Le paysan, je puis le dire, est très-affecté de ces prohibitions, qui toujours gagnent et s'étendent. Si les gouvernants pouvaient savoir jusqu'à quel point on est sensible, au village, à de telles interdictions, ils y regarderaient avant de les formuler. Qui nous eût dit, il y a quarante ans, qu'on en viendrait à voir, dans le fait de prendre un oisillon dans un nid, un acte délictueux ? Où s'arrêtera-t-on dans cette voie ? Pour moi, je m'attends, au premier jour, à une loi interdisant la chasse aux papillons. Ne riez pas : les bonnes raisons ne sauraient manquer. On nous dira sans doute que les papillons, en allant d'anthère en anthère, sur les mannes épanouies et sur les blés fleurissants, épandent le pollen et empêchent la coulure. On nous dira encore que piquer d'une épingle, sur son chapeau, des lépidoptères, est une intolérable cruauté.

Considérez que, gênantes par elles-mêmes, ces nouvelles lois le sont surtout pour l'homme des champs, qui, par humeur, a besoin de la plus entière liberté d'allures. Il y a là une entrave qui l'irrite fort, et cette irritation commence dès le berceau, attendu que, sitôt en âge de raison, on lui crie que chercher des nids est un cas punissable, que manger une hâtelette de petits merles, c'est mordre au fruit défendu.

Ici, j'ouvre une parenthèse en faveur de messieurs les gastronomes, pour leur dire que les merles, pris dans le nid, au moment du dénicher, sont un mets d'une tendreté, d'une finesse incomparable. Il est bon de choisir ceux de la seconde ponte, vers la mi-juin, les cerises abondent alors, et ils sont parfaitement gras. Leur viande n'est que crème, leurs os ne sont que moelle.

Découvrir une *merlée* est, pour le paysan, une véritable bonne fortune ; de là l'expression « *dénicheur de merles,* » qui est un qualificatif des plus caractéristiques, et des plus flatteurs.

Mais revenons.

J'avoue qu'au point de vue général, je n'aime pas à voir le législateur faire des lois dont l'infraction est inévitable : cela prépare à enfreindre, par suite, toutes les lois.

Or, il est clair qu'une loi qui prescrit à des

enfants de ne pas chercher de nids, et de laisser
bien sagement en place ceux qu'ils pourraient
découvrir, est une loi qui ne sera pas observée du
tout. Tant vaudrait défendre de toucher aux souris à de francs matous.

Certes, détruire des nids est de la sauvagerie ;
tout propriétaire doit s'opposer à cet abus sur ses
terres, et ne jamais souffrir qu'il lui soit désobéi
en cela. Les nids des hirondelles, ces diligentes
émoucheuses de nos bestiaux, sont doublement
sacrés, et par droit d'utilité, et par droit d'asile :
l'hospitalité les défend. Mais pour le reste, pour
ce qui se passe, hors de notre vue, au fond d'un
bois ou derrière une haie, on devrait se borner
à de sages avis, et ne pas élever à la hauteur
d'un méfait une récréation enfantine.

Au surplus, nous pouvons nous en fier à la nature du soin de conserver les nichées.

Elle a doué les petits oiseaux d'un tel instinct
pour cacher leurs nids, que les découvrir n'est
pas aisé, même pour des yeux de dix ans ; car ce
n'est pas seulement à l'homme que l'oiseau doit

dérober le berceau de sa géniture, c'est à des regards bien autrement perçants, à des regards aidés de sens subtils, chez l'oiseau de proie, la belette, la fouine, le loir et surtout chez la couleuvre, cette devineresse.

Suivez une haie, après la chute des feuilles, en décembre, et vous jugerez de la quantité de nids qui ont pu échapper aux investigations des enfants, des carnassiers, des rapaces et des félins. On les distingue alors tout à son aise.

Mais de cette assertion que la découverte des nids est difficile, je puis citer une preuve personnelle des plus authentiques, car ce livre est, avant tout, un livre sincère.

En 1828, je fréquentais l'école primaire d'Ambarès, sous le redouté M. Dazet, un de ces anciens magisters de village, qui vous menaient leur petit monde à coups de pieds, à coups de poings. On n'a plus idée aujourd'hui de ce qu'étaient ces tyrans du jeune âge, chez lesquels la rigueur était portée jusqu'à la méchanceté, et dont le cœur paraissait nourrir, à l'égard de l'enfance, une véritable haine.

A force de nous battre, et de la main, et de la gaule, celui-ci avait fait de nous des diables achevés, car l'écolier répondra toujours à des voies de rigueur par des écarts de conduite. Le lait de l'éducation première n'était, avec M. Dazet, que fiel et vinaigre. Il avait, pour fouailler juste, pour giffler sec, cette dextérité que peut seule donner une longue pratique.

Aussi, s'était-il établi de lui à nous, comme un va-et-vient de mauvais procédés, sous forme de corrections rigoureuses de sa part, et d'espiègleries malignes de la nôtre : plus il nous en donnait, plus nous lui en faisions. Il nous avait bien vite aguerris aux coups, et lorsqu'il s'agissait de lui jouer un bon tour, nous ne regardions pas, avec lui, à une poignée de cheveux de plus ou de moins.

Nous imaginions, à cet effet, des malices véritablement énormes, et, bien que nous fussions tous suffisamment vauriens, il s'en trouvait cinq ou six dans le nombre qui en faisaient toujours plus que les autres, c'étaient : Cazimajore, Fa-

briot, Galouis, Croizet et Pascaly. Ce dernier, trop
court d'une jambe et trop long d'une épaule, réunissait en lui la double malignité du bossu et du
boiteux. Que de frasques nous furent inspirées
par ce pauvre mal-bâti! Il fut bien sûrement
l'auteur de la fameuse drôlerie de la Passerelle,
que je vais relater à sa gloire.

Chaque jour, à midi sonnant, nous vidions la
classe, et maître Dazet, demeuré seul, prenait
son repas du milieu du jour, après quoi, il allait,
fumant une pipe, faire une assez longue promenade, consistant à descendre le bourg jusqu'à la
Croix, à traverser le hameau de la Gorp, et à revenir, par les prés de M. Bonneau, jusqu'à un
endroit dit la Hontasse, où se trouvait, pour
passer le Guâ, une certaine planche; puis, prenant la ruette qui séparait la maison du juge
Choumeil de celle du docteur Sarraméa, il ren-
trait à l'école, où nous avions dû le précéder,
afin de nous y trouver en bon ordre, pour le
recevoir.

Cette planche suggéra à Pascaly l'idée d'une

malice qui fut, en ce genre, son petit chef-
d'œuvre : muni d'une scie, — son père était me-
nuisier, — il nous entraîna à la Hontasse, juste
à l'heure où l'instituteur faisait sa promenade
accoutumée. Arrivé là, il scia, en dessous, la
passerelle plus d'à moitié, puis nous fit nous
blottir à bonne distance, afin d'être témoins de
ce qui allait s'ensuivre.

Ce qui allait s'ensuivre, nous le devinions
assez. Restait à savoir si tout se passerait comme
le drôle l'avait prévu.

Notre incertitude à cet égard ne fut pas longue. Pascaly, qui pour mieux voir, était monté
à mi-hauteur d'un peuplier, ne tarda pas à si-
gnaler le régent. Nous redoublâmes d'attention,
gardant même le silence, tant nous imposait la
grosse fredaine que nous étions en train de
commettre.

M. Dazet continuait d'approcher. Bientôt nous
pûmes l'ouïr grommelant, à part lui, ses gron-
deries habituelles, car il ne cessait de gronder;
il arriva devant la longue planche, n'hésita point,

l'enfila tout de go, et, patatras! le voilà dans l'eau jusqu'aux oreilles pour le moins, car le courant est profond en cet endroit.

Nous quittons nos cachettes vite, vite! De derrière les arbres, de dessous les buissons, du fond des glaïeuls, sortent des écoliers. Pascaly dévale de son peuplier, non sans crier au secours, et que M. Dazet se noie. En un clin d'œil, nous voilà sur la rive, considérant, dans notre maître submergé, le résultat de notre belle équipée.

Il en fut quitte pour le saisissement, et n'eut d'autre mal que la peur de s'enrhumer. Nous le vîmes se repêcher tout seul, en se prenant des deux mains aux broussailles, sans regarder aux piquants, pour cette fois.

Le bon de l'aventure, c'est qu'il ne se douta jamais de rien : croyant avoir chuté de Dieu grâce, tout naturellement, et que s'il avait trouvé là sa classe au grand complet, c'était un hasard comme un autre.

Toutes nos espiègleries n'étaient pas aussi diaboliques, bien que celle consistant à remplir de poudre de chasse le tuyau de sa longue pipe puisse passer pour assez gaillarde, nous ne nous en lassions jamais, à cause de la petite explosion et du nuage de fumée.

Nous aimions aussi, au mois de juin, à lui garnir le dos de deux ou trois gros lucanes, qui montaient, montaient jusqu'à la nuque, où, sentant quelque chose, le régent ne manquait pas de porter la main, mais c'était pour la retirer bien vite, avec un doigt pris entre les cornes du féroce escarbot ; sur quoi la gaule faisait son office, à droite, à gauche, nul n'en chômait, ce qui changeait soudain nos éclats de rire en torrents de pleurs ; car nous étions, à l'occasion, de grands pleurards.

Nous nous gaudissions de tout, nous tournions tout en risée. Une fois entre autres, l'instituteur ayant jugé à propos de nous tancer sur ce qu'il y avait d'indécent à nous baigner nus, nous trouvâmes plaisant de nous baigner, ce jour-là, tout habillés, et de rentrer en classe trempés, ruisselants, en laissant après nous des traînées liquides, dont fut inondée toute la salle. Force fut de nous disposer, en file, contre un mur, à bonne exposition, pour nous sécher, comme bourrées humides.

Voilà de bien petits détails, mais ils ont leur importance, et si je les donne ici, c'est uniquement pour montrer combien nous devions être, à l'occasion, de bons dénicheurs. Vagabonder le long des haies, au fond des bois, nous allait à ravir; c'est pourquoi nous résolûmes, un certain jour, de consacrer une journée entière à chercher des nids, comptant bien en trouver, comme qui dirait, une cinquantaine. Le difficile était de nous procurer cette journée-là.

Il y avait bien le moyen éternellement nouveau de manquer à l'appel, un beau matin, en faisant ce qu'on appelle *l'école buissonnière*, et ce que nous appelions *le renard ;* mais y recourir, c'était s'apprêter un vilain lendemain de fête, vu qu'en pareil cas, maître Dazet ne manquait jamais de vous mettre les coupables à genoux pendant toute une classe, sur des cailloux pointus, ce qui était un vrai supplice.

Le défûté Pascaly se fit fort de nous procurer ce jour de vacances, en fichant, nous dit-il, la colique au régent. Il connaissait une herbe bonne à ça. Nous le laissons faire; nous l'aurions encouragé au besoin. Il se munit de son herbe, et en insinue le suc dans la bouteille à boire de M. Dazet, lequel, l'heure venue, dîne, se promène et reprend l'école. Il n'était pas sur sa chaise depuis une heure, nous faisant lire, l'un après l'autre, tout debout, à son côté, quand petit à petit, nous le voyons blêmir, puis bâiller, puis grigouiller du ventre, etc. L'herbe opérait. Restait à savoir si elle n'opérerait pas trop fort, mais de cela nul n'avait cure.

Bientôt M. Dazet dut sortir de la salle, tout courant. Il revint, puis se hâta de ressortir encore; et ainsi de suite, sans aucun arrêt : sortant, rentrant; bref, foireux comme un geai.

Il se trouvait si fort secoué, qu'il lui fallut nous congédier avant quatre heures, en nous annonçant qu'il ne tiendrait pas l'école le lendemain.

A cette nouvelle, nous nous élançons dehors, où, avec force cris et gambades, nous tombons sur Pascaly, pour le culbuter, le claquer, le nasarder, le traiter de bossu, de tortu; toutes démonstrations équivalant à le porter en triomphe, et le maraud l'entendait bien ainsi, car son visage rayonnait sous les gourmades.

Le lendemain, dès l'aube, cinq des écoliers de M. Dazet et moi, nous partîmes pour chercher des nids dans les trois grands bois de Seigneuret, de Fleurette et du Tillac, bien déterminés à les fouiller minutieusement.

Nous appartenir toute une journée, ne pas rentrer même au logis, faire du cheval échappé tout à notre aise, quinze heures durant, cette idée nous affolait. Nous avions au dos, garnis de bribes de pain, d'ail et de sel, les sacs de toile qui nous servaient, les jours d'école, à serrer nos provisions de bouche. A boire, nous n'en portions jamais, buvait aux fossés qui voulait. Je m'y vois encore : après s'être mis sur les genoux et sur les mains, on allongeait le cou jusqu'à toucher l'eau du bout de ses lèvres épanouies, et, là, nez à nez avec son image, on humait le liquide, sur lequel on avait eu soin de souffler préalablement.

Ces petits sacs, au surplus, nous servaient à double fin : c'est là que nous fourrions nos jouets divers, comme billes, toupie, clifoire, canonnière de sureau, fronde. Cette dernière était, en nos mains, un véritable instrument de dommage, grâce auquel nous ne passions guère à cinquante toises d'un toit sans y lancer un caillou ; nous n'apercevions point une bête au pâturage sans la prendre pour point de mire. Que de fois nous avons fait partir à la débandade tout un troupeau de brebis épouvantées ! que de fois nous avons rempli de pierres un nid de pie, à la pointe d'un peuplier, car nous en étions venus à fronder très-roide et très-juste !

Mais revenons à nos dénichements.

Nous commençâmes par regarder aux branches, par battre les buissons, pour en faire partir les couveuses ; puis, à la moindre apparence d'un nid sur une cime, vite nous montions y voir, de façon que chacun de nous eût bientôt son petit doute à aller éclaircir tout en haut d'un chêne.

C'était entre nous à qui ferait l'ascension la plus périlleuse ; grimper aux arbres, cela met l'enfant en possession du domaine de l'air, cela le fait se mêler aux oiseaux, dans le feuillage.

Les jours où le vent, s'emparant comme d'une mer des campagnes résistantes, les remplissait de tumultueux accents ; où le tourbillon éparpillait, à nuées, dans l'air, les feuilles vertes ; où les haies de clôture se courbaient jusqu'à terre, ah ! que nous aimions à monter ressentir l'ouragan et le braver dans la ramure bouleversée d'un arbre ! Cramponnés des deux mains aux fortes branches, ce n'était pas sans peine que nous résistions à l'invisible ennemi, qui les secouait à outrance, comme pour nous en arracher.

Il y avait là un déchaînement, un désordre, qui allait à nos goûts d'agitation et de bruit. La nature se montrait non moins indisciplinée que nous.

Si le vent eût été à nos ordres, la tempête, ce jour-là, aurait bien certainement été de la partie ; mais, à défaut d'un tel jeu, nous dûmes recourir à d'autres. Un de ceux qui nous agréaient le plus consistait à monter à la pointe d'un gaulis de vingt ans, bien filé, bien flexible, lequel, à mesure que nous nous élevions, se courbait de plus en plus, jusqu'à ce que, la charge l'emportant, il s'arquât assez pour nous déposer sur le sol, où, prenant pied, nous lâchions la vigoureuse tige, qui se redressait en cinglant. Si le poids d'un seul ne suffisait pas, nous montions deux, trois ensemble.

Quand nous avisions un de ces vieux arbres, qu'un élagage triennal fait se garnir tout du long de branches fines et pliantes, nous grimpions tous à son sommet, après quoi, nous mettant à dévaler, chacun de son côté, en nous prenant extérieurement à l'extrémité des ramilles, c'était à qui serait le premier en bas.

Les magnifiques trouées que nos grègues y gagnaient !

Ce jour-là, dans notre vagabondage silvestre, nous eûmes à traverser deux fois le Guâ. Nous ne demandions point de ponts pour cela, bien au contraire. Et chaque fois, il fallut s'y baigner. C'est même à cette occasion que fut commise l'espièglerie que voici.

Nous venions, je me le rappelle, de mettre bas la chemise et le pantalon, qui, avec des sabots chaussés à cru, composaient tout notre accoutrement, lorsque nous aperçûmes une pauvre vieille femme occupée à ramasser des mûres pour sa basse-cour, et que l'aspect de notre nudité mit aussitôt en déroute.

Elle abandonna, pour être plus agile, son panier quasi plein et son crochet, se réfugiant, non loin de là, dans le moulin du Bouchon, que faisait valoir le grand Vallet, son fils.

Nous courons à ce panier, et nous voilà faisant cercle autour, comme des aoûterons après une terrine de soupe, nous occupant, tout accroupis, à becqueter quelques mûres, en attendant partie.

Pour commencer, l'un de nous, écachant une

mûre au bout de son nez, s'entoura les yeux
d'une paire de bésicles ; une autre se décora le
visage d'énormes favoris ; Galouis s'illustra l'épi-
gastre d'un bonhomme à plumet ; qui dira le
prestige du plumet, en 1828 !

Pascaly, qui n'avait encore pour sa part rien
imaginé, prit de son air le plus innocent une
belle jointée de mûres, et passa avec de l'autre
côté de la haie. Il y demeura une assez longue
pause ; nous le hélons : Hé ! Pascaly, hé ! Point
de réponse ; et nous étions debout pour aller voir
ce qu'il en était, quand, d'une ouverture de la
haie, déboucha un affreux monstre noir, n'ayant
de blanc que les yeux qu'il écarquillait, et que
la langue qu'il tirait. Le farceur s'était barbouillé
le corps tout entier de jus de mûres. De prime
abord, il nous fit peur, et nous commencions à
reculer, quand l'un de nous s'écria : « Mais il
boite, c'est Pascaly ! »

A ce signe, nous le reconnaissons soudain, et
passant de l'effroi à l'admiration, nous nous
ruons sur le panier aux mûres, afin de suivre

un si bel exemple, en nous noircissant tout du long. Ce fut vite fait. Le panier épuisé, nous recourûmes à la haie dont les ronces étaient chargées de baies, de sorte que nul n'en manqua, et nous voilà tous les six métamorphosés en parfaits négrillons.

Quels éclats de rire à nous entre-regarder ! quelles grimaces ! quelles postures !... Ceux qui savaient cheminer la tête en bas, en faisant l'arbre fourchu, s'empressèrent de se livrer à cet acrobatisme d'école primaire.

Mais, pour nous, polissonner ainsi sans témoins, c'était polissonner sans gloire. La cueilleuse de mûres s'était enfuie vers le moulin, nous prenons le chemin du moulin. Figurer ainsi, tout au naturel, dans quelque tour malin, nous gênait d'autant moins que nous nous sentions quelque peu vêtus sous notre grossier lavis; et, de fait, on n'y voyait que du noir.

Arrivés proche de la maisonnette, nous eûmes soin de verifier, avec circonspection, quelles personnes étaient dedans, et comme nous n'y dépistâmes que le vieux et la vieille, le fils étant sans doute en tournée, nous n'hésitâmes pas à faire irruption dans la chambre même, où, sitôt entrés, nous nous mîmes à criailler en sautillant tous ensemble, en présence des deux bonnes gens, dont la stupéfaction se devine.

Voir sa demeure hantée par tant de diablotins à la fois, c'était à ne savoir ni quoi dire, ni quoi penser. Cloués sur leurs chaises par le saisissement, ils ne pouvaient que se signer d'une main branlante. Notre pétulance au surplus ne donnait le temps de rien distinguer, car nous ne cessions de nous démener, comme si la rapidité de nos mouvements eût pu suppléer à tout ce qui nous manquait du côté du caleçon de bains.

Nos ébats durèrent peu : un bruit à nous bien connu y vint mettre fin, en nous donnant le signal de détaler. C'était le claquement du fouet du meunier, qui revenait, touchant devant lui son cheval de bât, de quérir quelque chose à moudre. Nul ne fait résonner son fouet aussi fort qu'un meunier. Le fouet du postillon claque, celui du cocher siffle, celui du meunier détonne. C'est un bruit d'une sonorité pleine d'éclat et d'ampleur, dont le silence des campagnes est au loin troublé. Que l'on se figure une corde de chanvre, tressée à la main avec un savoir-faire qui se transmet, qui est un art. Cette corde, aussi forte qu'un câble, est armée de cinq nœuds gros comme le poing, puis va diminuant de grosseur jusqu'à n'être plus qu'un simple cordonnet, terminé par une belle houppe épanouie.

Quand cet instrument est manié comme il faut au-dessus de la tête, à tour de bras et à deux mains, il en résulte des claquements formidables, exprimés dans un rhythme particulier.

Nous n'avions garde d'attendre la correction que n'eût pas manqué de nous administrer le fouet du grand Vallet, lequel n'était pas autrement railleur. Cette correction, nous l'avions méritée, et nous étions tout à fait en costume pour la recevoir.

La vanne du moulin se trouvait pleine, il y avait là 20 pieds d'eau ; nous en approchant tous ensemble, nous y fîmes, la tête en bas, un magnifique plongeon, et cela aux yeux des deux vieilles gens et de leur fils, qui nous ayant vus disparaître sous l'eau, noirs comme suie, nous en virent émerger, l'instant d'après, blancs comme de l'ivoire.

La journée se passa dans une foule de récréations analogues, et l'on conçoit que chercher des nids ne fut guère une besogne suivie ; car qu'il s'agisse ou de s'amuser ou d'étudier, l'enfance n'est capable ni d'application ni de suite.

Aussi, le soir venu, ne rapportâmes-nous, pour tout butin, qu'un seul nid de geai, que j'allai dénicher au bout d'une branche qui s'avançait isolément en beaupré, et sur laquelle, faute de point d'appui, je dus m'avancer à califourchon. Je vois encore l'arbre, je vois encore la branche, je vois encore le nid, qui se hérissa, à mon aspect, de quatre becs jaunes tout béants.

Et voilà donc, en fait de dénicheurs d'oiseaux, le mal que peut faire une troupe d'élite. Je ne crois pas au surplus, dans toute mon enfance,

agreste s'il en fut, avoir détruit même une douzaine de nids. Est-ce la peine qu'un législateur
descende jusqu'à fulminer contre un abus si peu
énorme ? L'ancien droit ne le lui conseille pas :
De minimis non curat prætor.

Je prévois que bien des lecteurs jugeront peu
croyable ce chiffre d'un seul nid détruit par une
bande de dénicheurs émérites. Ce chiffre, je
l'avoue, m'étonne moi-même, et il fut pour nous,
le soir de la mémorable journée que je viens de
raconter, une véritable déception. Il nous humi-
liait. Il est toutefois des plus exacts, et c'est une
marque qu'il est vrai qu'il ne soit pas vraisem-
blable. A inventer, j'en eusse inventé un qui fût
au moins croyable.

Il est bien entendu que nous découvrîmes plusieurs autres nids, mais de nids bons à prendre,
nous n'en trouvâmes qu'un, nous n'en gâtâmes
qu'un. Les autres, ou n'étaient pas achevés, ou
ne contenaient que des œufs ou que des petits
sans plumes, ou ne contenaient rien du tout,
la nitée étant partie.

Une chose à noter, c'est que les enfants, loin d'aimer à détruire inutilement les nids, ont au contraire pour eux un égard particulier. Ainsi, il est d'un usage constant, d'un usage traditionnel, d'éviter de s'entretenir du nid que l'on a découvert; de plus, s'il contient des œufs, on doit avoir soin de les appeler des *petits cailloux* ou des *petites pierres;* car, si l'on prononçait le mot œuf, le serpent, qui entend tout, en serait instruit, et les mangerait. De manière, qu'entre petits paysans, les singulières locutions que voici: — J'ai trouvé un nid de tourterelles où il y a deux petits cailloux; j'ai pu fourrer la main dans le trou du nid de la mésange, j'y ai compté douze pierrettes, — sont des locutions courantes.

Lorsqu'un paysan, petit ou grand, a connaissance d'un nid, il attend que les oisillons soient bons à dénicher, n'y faisant, dans l'intervalle, que de rares apparitions, crainte de détourner la mère; mais très-souvent la petite famille s'en vole plus tôt qu'il n'a pensé, car les progrès que

16.

font les ailes des oiseaux niais sont d'une rapidité étonnante.

Il peut arriver encore que la mère, s'apercevant que son nid reçoit des visites, l'abandonne et en bâtisse un autre mieux caché ; auquel cas, rien n'est perdu, c'est seulement un retard de quinze à vingt journées.

Protéger les nids des oiseaux !!... n'est-ce pas un peu comme qui dirait : Protéger le lever du jour ; protéger la naissance du feuillage. Pour protéger ces commencements divins, qu'est la main de l'homme au prix de la main de Celui « dont la bonté s'étend sur toute la nature? »

IX

UN MOYEN SUR POUR ACCROITRE LA QUANTITÉ DU GIBIER

On a souvent proposé, pour obvier à la diminution croissante du gibier, le recours à un expédient qui serait celui-ci : laisser s'écouler deux années sans chasser d'aucune façon.

Si, par l'effet d'un commun accord, ou d'une loi formelle, on parvenait à faire jouir les hôtes des buissons et des bois d'un pareil répit, il est clair que, pendant la première année, le gibier déculerait, et que, pendant la seconde, il cen-

tuplerait ; mais la difficulté, une fois cet accroissement obtenu, serait d'en maintenir le niveau.

Surexcité par un long jeûne, l'appétit de chasser ferait rage, et chacun de nous, l'armistice
expiré, courrait aux armes pour se décarêmer à
outrance. La loi : — plus il y a de gibier, plus il
y a de chasseurs, — remettrait bien vite toutes
choses en l'état premier, et cette somme de perdrix et de lièvres, qui aurait coûté à amasser
deux années, se dépenserait en une demi-saison.

Il arriverait ce qui arrive du père avare au fils
prodigue : l'un dissipant en un tour de main le
produit de l'épargne de toute la vie de l'autre.

Je crois, quant à moi, avoir trouvé une com-
binaison à l'aide de laquelle on tirerait bon parti
de la mesure précédente, et qui consisterait à en
prolonger l'application, tout en la restreignant.
Je m'explique.

Il existe des domaines qui, pour être aux mains
de veuves, de filles, de très-jeunes mineurs, de
vieillards, sont possédés par des personnes qui ne
chassent pas. Je voudrais que sur ces domaines,

toute chasse fût prohibée, et cela sous les peines les plus sévères, afin d'obtenir une stricte observation de la défense.

Une prime serait allouée aux personnes dont les terres seraient frappées de cette interdiction, prime consistant soit en dégrèvement d'impôts, soit en journées de travail fournies par les prestataires de la commune.

Il serait opportun de choisir des domaines suffisamment étendus ; 50 hectares au minimum. L'interdit devrait les couvrir pendant un temps assez long, dix ans au moins, vingt ans au plus. On aurait là évidemment des muettes à gibier excellentes, où il lui serait loisible de multiplier sans trouble, et où il ne tarderait pas à affluer, un sûr instinct l'avertissant bien vite que là serait le calme et la sécurité.

De telles enceintes repeupleraient une contrée, elles répareraient l'étrange omission de nos règlements sur la chasse, qui ne ménagent aucun refuge au gibier, qu'ils entendent protéger et qu'ils laissent sans abri. Que faudrait-il pour la mise en pratique de cette mesure? Une petite loi, en deux petits articles.

ARTICLE 1er.

Les domaines interdits à toute chasse pour dix années seront dégrevés d'un vingtième de leurs impôts, ceux pour vingt années, d'un dixième.

ARTICLE 2.

Tout individu, pris chassant sur un domaine interdit, sera passible de dix fois la peine qu'il aurait encourue s'il eût été pris chassant sur un domaine non interdit.

Ces quelques lignes changeraient entièrement les conditions où se trouve aujourd'hui le gibier parmi nous, où dès qu'un recoin giboyeux est signalé, tous les chasseurs s'y donnent rendez-vous, de façon que les lieux où il y avait le plus de gibier sont bientôt ceux où il y en a le moins.

De plus, les propriétés que je voudrais fermer aux chasseurs sont précisément celles où ils ont le plus accès ; à cause que c'est sur les biens-fonds en pouvoir de femmes, d'enfants, de vieillards que l'on giboie le plus : qui ne chasse pas, laisse chasser.

Le propriétaire adonné à la chasse est au contraire très-vigilant à défendre son domaine contre les autres chasseurs.

En somme, ami lecteur, mon idée est bonne ; il est fâcheux que cela soit loin de suffire pour lui donner crédit et la faire adopter.

X

LA DANSE

La danse est un plaisir naturel à tous les hommes : le matelot danse sur son navire, le captif dans sa prison. Seulement, comme la danse est un plaisir sensuel, son empire sur nous diminue à mesure que notre spiritualité augmente. Les sauvages furent toujours de grands danseurs ; le nègre, inférieur au blanc, aime la danse plus que ce dernier ; sitôt le soleil couché, a dit un voyageur, toute l'Afrique danse.

Le paysan, qui occupe, sous le rapport de la culture intellectuelle, les plus bas échelons, doit aimer la danse plus que personne ; aussi l'aime-t-il passionnément. Il n'est pas rare de lui voir faire, le soir des dimanches, plusieurs lieues pour atteindre à une salle de danse.

Si nous décomposons ce plaisir de la danse, nous y trouvons tout ce qu'il faut pour captiver des natures naïves, auxquelles n'est accessible nulle autre voie pour arriver à l'exaltation que provoque, en elles, la précipitation des mouvements et le rhythme. La danse a été, bien certainement, chez les humains, la première source d'ivresse. On s'enivra au moyen de la danse, avant de pouvoir le faire à l'aide du vin.

Il y a l'exactitude des nombres et quelque chose de leur puissance occulte, dans cette agitation en apparence effrénée, dans cette course qui paraît sans règle. Pas un geste, pas un pas, dont la durée n'y soit mesurée rigoureusement.

Aussi, ce frein donné au délire, cet arrêt imposé au pied enivré, est-il ce qui rend le plaisir du bal ardent et pénétrant.

Danser est une jouissance qui peut se prendre exclusivement ; toutefois, ce plaisir a cela de particulier que, plus que nul autre, il s'accommode d'être associé à un sentiment : ainsi, il y a la danse liturgique, unie aux élans de la prière ; il y a la danse guerrière, unie à l'entrain belliqueux ; il y a la danse funèbre, unie à l'horreur des tombeaux ; il y a enfin la danse voluptueuse, unie au charme sexuel.

Qu'on ne s'y méprenne pas, la musique ne fait point partie de la danse, elle lui est seulement associée, à la charge d'y marquer la cadence, que peut, sans elle, donner aux danseurs, ce rhythme intérieur que nous portons en nous.

Maintenant, à ce divertissement de la danse proprement dite, lequel, dans les chœurs religieux peut s'élever jusqu'à l'extase, si l'on ajoute les enivrements de la musique, le plaisir sera doublé ; si l'on y ajoute ceux de la volupté, en dansant, homme avec une femme, femme avec un homme, le plaisir sera triplé; et si à ces trois délectations vient s'ajouter encore un lien d'amour entre les deux figurants, on aura les joies de la danse, portées, pour ainsi dire, à leur plus haute puissance, et le cœur, en un pareil branle de fête, débordera.

Est-il besoin au surplus de dire le ravissement qui gagne un couple amoureux, qui, la main dans la main, se sent emporté par la valse, aux talonnières rapides, dans un tourbillon d'harmonie, de vitesse et d'amour! C'est alors qu'affolés en commun, deux corps ne font plus qu'une même chair, aux pôles contraires et amis.

Quand le corps s'élance ainsi, l'âme, pour le suivre, est bien forcée d'ouvrir les ailes.

Or, ce passe-temps de la danse, vers lequel le jeune paysan est si fort attiré, le lui laissons-nous prendre, au village, en toute liberté? ne mettons-nous aucun obstacle à ces bals qui sont une occasion de rapprochement entre jeunes fils et jeunes filles, et, dans lesquels ils se trouvent réunis sous les auspices de leur jeunesse, de leur gaieté, de leurs désirs ?

Hélas ! nous le savons tous, le plaisir de la danse est condamné par le desservant d'abord, puis par le maire, qui tient à faire bon ménage avec son curé, de quoi je le loue ; car ce sont là deux autorités simples, immédiates, dévouées, faites pour s'entr'aider et pour s'entr'aimer.

Donc, les curés ruraux font tout ce qu'il leur est humainement et même divinement possible de faire pour empêcher de danser.

Ont-ils raison ?

Débattons un peu ce point entre nous, et je puis le dire entre amis ; car je suis, je me sens l'ami du prêtre, je compte sur son influence plus que sur toute autre pour régénérer les campagnes. Il y est la seule autorité qui s'adresse à l'âme du paysan ; sans lui, il se ferait, sur les populations rurales, une nuit morale comparable à celle qui enveloppe la brute.

Certes, nous ne sommes plus au temps des P.-L. Courier, ni même des Béranger, alors que toute discussion de ce genre était une sape. Le point de vue est bien changé pour nous ; car les questions roulent comme des sphères, et une génération n'en voit jamais la même face qui a été vue par la génération qui l'a précédée.

Nul esprit généreux aujourd'hui ne saurait attaquer ce christianisme qui a tant amélioré, tant consolé ; il est le pain spirituel qui, à notre insu, se mêle à toutes nos idées, à tous nos sentiments, comme le pain matériel se mêle à tous nos mets. Il fut le culte de nos aïeux ; à ce titre, respectons-le.

Mais si le penseur désarme, je voudrais que le clergé désarmât aussi de son côté, et qu'il ne fût pas offensé même de l'humble vœu que j'émets ici.

Disons, en premier lieu, à la décharge de la danse, qu'elle est hygiénique et morale, en ce sens qu'elle éloigne du cabaret la jeunesse qui y perd sa force dans l'ivrognerie, et sa moralité dans le désœuvrement.

Mais le plus grand avantage du bal rustique,

c'est qu'il conduit au mariage : les danseuses du village, tout au rebours de celles de la ville, se font épouser, et rien ne moralise le paysan comme le mariage, je devrais dire : rien ne moralise le paysan que le mariage. Pour nourrir une femme, élever des enfants, subvenir aux nécessités de la maladie, si l'on savait ce qu'il en coûte à un pauvre manouvrier, on ne pourrait assez lui tenir compte de s'être mis en ménage. *Qu'une maison a la bouche grande!* est le dicton qu'il ne cesse de répéter.

Les bals de village offrent de plus cette notable garantie que tout s'y passe sous les yeux de tous, et que la jeunesse y est à tout instant retenue par la crainte très-forte, en un petit endroit, de se faire mal noter dans l'opinion. Au lieu de sergents de ville, il y a là, pour veiller à la décence publique, le père et la mère.

Ces jeunes gens que nous avons là, monsieur le curé, sous notre surveillance, sous nos yeux, prenons bien garde qu'ils ne nous échappent. Pour une salle de danse qui se ferme au hameau, il s'en ouvre vingt et plus au chef-lieu ; au chef-lieu, où nos jeunes gens trouveront liberté plénière de danser ; où, inconnus dans une foule inconnue, ils goûteront à une licence qui les enlèvera pour jamais à leur village, auquel ils préféreront de beaucoup la cité, où le travailleur a deux dimanches pour un, où tout le monde est mis en bourgeois, et où les danseuses ont encore meilleure volonté que les danseurs.

Si la danse est un mal, elle est un mal inévitable : on dansera toujours quelque part autour de nous, puisque ni les mœurs, ni les lois ne le défendent, et il vaut mieux que paysans et paysannes prennent ce divertissement dans leur bourgade, où ils se respecteront toujours un peu, qu'à la ville, où ils savent bien qu'eux et leurs actes demeureront ignorés ; à la ville où il y a la prostitution, hideuse phalange, qui s'attaque aussi bien aux jeunes filles pour se recruter, qu'aux jeunes garçons pour se rémunérer.

Empêcher de danser, au surplus, offre des inconvénients de plusieurs sortes : il a existé, à ma connaissance, dans le diocèse d'Aire, un curé, lequel, ayant obtenu de l'autorité civile la fermeture de la salle de danse, fut bientôt forcé de venir demander lui-même sa réouverture ; les mœurs y avaient trop perdu ; tout allait de mal en pis : les jeunes gens, au lieu de se réunir au bal, tous ensemble, les après-midi des dimanches, s'éparpillaient par couples, dans la campagne, sous la coudrette, comme chante le refrain, et leurs ébats y étaient bien autrement vifs qu'à la danse, à en juger par les cas de maternités accidentelles qui ne manquèrent pas de se produire.

J'ai connu pour ma part un très-vieux desservant, dont le fauteuil était apporté chaque dimanche, à l'issue des vêpres, dans la salle de danse paroissiale, et les quadrilles n'y commençaient jamais avant qu'il y fût installé.

La danse, en effet, a besoin d'être surveillée ; chercher à la supprimer, c'est la mettre, le plus que faire se peut, en dehors de toute surveillance.

Cette surveillance s'y trouverait placée naturellement, j'allais dire providentiellement, si l'on ne travaillait, sans s'en douter, à l'en faire disparaître ; en effet, quand on détourne les jeunes filles honnêtes d'aller à la danse, on en ôte la surveillance qui y serait avec elles ; à cause que devant une fille de bonne conduite, le vice se sent contenu ; la présence de l'honnêteté impose ; elle absente, il n'y a plus à se contraindre ; on est à l'aise entre vauriens.

Loin donc de détourner de la fréquentation du bal les braves jeunes filles, leurs confesseurs devraient, Dieu me pardonne, les y envoyer d'office : elles y feraient ce qu'y faisait le bon vieux curé, qui y prenait régulièrement séance les jours de dimanche et de fête.

Je sais bien que ce que réprouve, dans la danse, le casuiste, c'est l'excitation sensuelle qu'elle occasionne. Moins timide, Dieu, dans la reproduction de tout ce qui respire, a-t-il craint de laisser agir la volupté? a-t-il craint d'en porter les satisfactions jusqu'à leurs plus extrêmes limites? Cela seul ne devrait-il pas nous rendre très-circonspects dans la réprobation de ce qui a rapport à l'attrait d'un sexe pour l'autre?

Ne soyons point de ces dévots étroits que stigmatisait la Bruyère, pour lesquels il n'y a de péché que l'incontinence. Celui qui, par impossible, ferait disparaître de ce monde ce plaisir sacré, y causerait un dommage qui pourrait aller jusqu'à l'extinction de la race humaine.

Oui, la volupté dans le mariage, et la volupté qui conduit au mariage, sont bonnes; or, si le bal de la ville éloigne du mariage, celui des campagnes y achemine.

Et que sont ces pauvres danses du village, auprès de celles du monde et du grand monde, que nul ne songe à faire interdire? Dans le bal champêtre, au moins, les danseuses sont vêtues, et elles sont filles presque toutes; à la ville, les danseuses vont le buste, la tête et les bras découverts, et ce sont des épouses, des épouses déjà mères, qui font ainsi appel à la lubricité publique.

Que ces gros péchés de la ville nous rendent indulgents pour les peccadilles du village !

Sous la sauvegarde des mœurs rurales et de la famille, donnons gratuitement à danser au paysan, un jour par semaine, le dimanche ; arrachons-le à l'ennui et au désœuvrement de ces longs dimanches champêtres. Plus le paysan trouvera, dans son hameau natal, de choses qui lui plairont, plus il y sera retenu. Établissons, à cet effet, dans chaque commune, des jeux publics, avec des primes aux gagnants, qu'une cotisation, soit en nature, soit en numéraire, fournirait aisément ; qu'il y ait sur la place du bourg, un mail, un tir, un rampeau, un jeu de paume ; qu'un orchestre, réduit à sa plus simple expression, moins fourni que bruyant, débite à tout venant la cadence, et vous verrez l'effet, sur nos villageois, de ce régal peu cher.

Cet effet, bien entendu, ne se fera pas sentir pleinement en un jour, ni même en une année ; il y faudra du temps comme à tout ; mais laissez s'écouler une génération sur cette réforme ; laissez grandir l'enfant qui aura vu son père briller au jeu de boule, se distinguer au tir, être proclamé le beau danseur, comme cet enfant, devenu adolescent, brûlera d'en faire autant et de dépasser ses camarades dans l'admiration des fillettes de l'endroit! Oh! la ville aura beau l'appeler, il n'entendra que la voix des ris et des jeux de son village, devenu pour lui le centre du monde, le monde entier.

Songeons à divertir les populations que nous voulons conduire à nos fins, plier à nos vues : quel parti tirerons-nous de qui est mécontent de son sort, quand ce sort a dépendu de nous ? Les Romains comprenaient cela ; aussi, voyez de quels divertissements grandioses leur politique habile savait assaisonner le pain sec de la plèbe !

Finissons ce chapitre par une observation qui a son importance : c'est de seize à vingt-cinq ans que le paysan est le plus enclin à danser, et c'est aussi l'âge où il est le plus porté à délaisser les champs pour la ville ; d'où il ressort que l'empêcher de danser tout à son aise, c'est diminuer l'attrait qu'a pour lui son village juste au moment où cet attrait a besoin d'avoir sur lui le plus d'empire, pour l'y retenir. Qu'il danse donc tout son soûl, et par delà; que la danse l'induise à se marier, et une fois marié aux champs, je réponds de lui : l'y voilà, grâce au ciel, fixé pour la vie.

XI

LE PRONE AU VILLAGE

La parole de la chaire, cette parole qui n'est jamais affaiblie par la réplique, a une grande autorité, surtout au village, où elle arrive dans des esprits vides de toute doctrine et moralement inoccupés. Si cette parole était appropriée à un pareil sol, elle y germerait, elle y fructifierait, car ce sol est bon ; or, comme elle n'y lève pas du tout, j'en conclus qu'elle ne convient pas à l'auditoire sur lequel la voix du prédicateur la

répand et où elle se dessèche, comme se dessè-
chent, sur la terre, les feuilles vertes qu'y jette
le souffle des vents.

Saurais-je dire comment il faudrait prêcher
aux paysans pour que leur cœur s'ouvrît à cette
semence? Je vais le tenter. Il n'est pas rare de
voir des évêques parler agriculture dans les so-
lennités agricoles, il est plus rare de voir des
agriculteurs traiter des matières canoniques,
comme je me hasarde à le faire aujourd'hui. Il
en sera ce qu'il pourra. Quant à m'arriver pis
qu'à la plupart de nos prédicateurs de village,
tenons pour impossible ce risque-là.

J'ai entendu, dans ma vie, bien des prônes rustiques, je n'en ai pas entendu un seul qui me
contentât, à cause que je n'en ai pas entendu un
seul que le paysan pût comprendre. Disons
d'abord qu'il y a bien peu de mots de morale,
de théologie, de métaphysique, susceptibles de
former une signification claire dans le cerveau
d'un rustique, de même qu'il y a bien peu de
sujets de discours qu'il puisse mettre en prati-

que dans son modeste genre de vie. Vous lui prêchez la gloire d'un saint, l'erreur manifeste de ceux qui rejettent tel ou tel dogme, vous le sermonnez une heure durant sur la Trinité, l'Eucharistie, l'Incarnation, le Verbe, toutes idées qui offrent un sens magnifique à qui sait les manier, mais qui, pour un rustaud et pour une rustaude, ne sont rien que le son d'une voix qui retentit.

Un paysan sait-il seulement ce que c'est qu'un athée, ce que c'est qu'un matérialiste, ce que c'est qu'un sceptique, etc., et pourtant voilà ce que nous voyons prêcher au village, par notre curé, qui, ayant rédigé des sermons sur ces matières, les débite à son pauvre troupeau, en attendant mieux ? N'entendis-je pas prêcher, une fois, contre les dualistes, en pleine église champêtre ! Notre maire, qui est d'humeur placide, fut très-content du sermon, ce jour-là ; il s'étonnait seulement que, parmi les griefs reprochés à ces vauriens, M. le curé eût passé sous silence celui de tuer les gens, qui lui paraissait cependant bon à mettre en ligne de compte. Il avait compris, le malheureux, qu'il s'agissait des duellistes.

Mais comment faudrait-il prêcher aux paysans? Il faudrait leur prêcher le plus élémentairement possible, en s'en tenant aux bases de la psychologie, de la théodicée et de la morale, dont on ne leur dit mot.

Je voudrais avant tout que le prédicateur fût un homme qui aimât le paysan, afin de pouvoir lui parler du cœur, et sans irritation. La chaire chrétienne aujourd'hui est pleine de colères. On n'y fait, hélas! que chapitrer. Ces colères sont bien illogiques : elles le sont, en premier lieu, parce qu'elles s'adressent toujours à des absents; et puis, en second lieu, parce que l'on ne persuade qu'à l'aide de la douceur, et de la plus grande douceur.

Les vieux paysans souffrent beaucoup de ne pas être aimés. Dans les classes aisées, les vieilles gens ne sont pas aimées non plus, mais comme presque toutes ont un héritage à laisser, on leur fait bonne grimace, au lieu que dans les familles rustiques, où il n'y a rien à prétendre du côté de l'intérêt, l'indifférence à l'endroit des pauvres vieux est désolante. On les dédaigne, on les outrage; aussi le prédicateur est-il assuré, en leur faisant entendre des accents affectueux, de les gagner à sa parole. Ce sera déjà un premier parti, bientôt grossi par le reste du troupeau, si le prêtre parvient à l'aimer en effet; et comment ne l'aimerait-il pas, s'il a son état à cœur? comment ne pas aimer le champ que l'on est appelé à œuvrer, à fertiliser?

Une fois la sympathie acquise, que le prêtre borne sa prédication à ceci : l'existence de Dieu, l'existence de l'âme, les devoirs de l'homme. Qu'il aborde ces grands sujets, qu'il les développe, qu'il les approfondisse, non en tant qu'articles de foi, mais en tant qu'arguments philosophiques, lesquels doivent se prouver à l'entendement, pour que l'entendement les accepte.

Le paysan, je puis le dire, l'ayant constaté bien des fois, le paysan incline au matérialisme et à l'athéisme; et c'est même un effet de sa profession, car sans cesse en contact avec cette terre, dont, sous ses yeux, la fertilité suffit à tout, il en vient aisément à croire qu'il n'y a rien par delà, et qu'une fois mort, ce sera assez pour lui de pouvoir se mêler à cette fécondité divine.

Il serait donc très-opportun de mettre le paysan en possession des preuves dont l'esprit humain dispose pour s'assurer que Dieu est, et que nous sommes unis à la durée pour toujours.

Ces preuves ne sauraient être mieux placées que dans la bouche du prêtre, qui, pour les produire, a l'autorité et l'occasion. Quel sanctuaire ne serait honoré par des discours tellement élevés, qu'à cette hauteur-là, le profane et le sacré se confondent !

Et que l'on ne croie pas que ces simples gens se montreront indifférents à de pareils sujets. Quand on leur aura bien dit que leur intérêt le plus cher est en question dans le débat ; quand on leur aura bien démontré qu'il existe certainement, devant le pas de leur âme, l'interminable carrière qu'on nomme l'éternité, soyez sûrs qu'intéressés, comme ils le sont pour tout ce qui les touche, ils s'appliqueront à vous écouter, et que vous les verrez se rapprocher, à bouche bée, de votre chaire, dont ils recueilleront les paroles jusqu'à la dernière miette.

Les preuves sensibles de l'existence de Dieu, vers lesquelles inclinaient Fénelon, Jean-Jacques, Bernardin, et dont ces grands esprits furent si fort touchés, sont des mieux appropriées à la condition intellectuelle du paysan; celle tirée du mouvement, et où figure, dans un ensemble grandiose, l'univers sidéral tout entier, amènerait des développements admirables : c'est cette preuve si simple et si forte que trouva, dit-on, le sage de Stagyre, comme si le Créateur, ayant produit ce magnifique génie, lui eût réservé une découverte proportionnée, par sa grandeur, à la grandeur même d'Aristote.

Le propre de toute matière, c'est le non-mouvement, or, toute matière se meut, donc il y a un moteur en dehors de la matière.

Et l'âme humaine, que de déductions fécondes

à tirer d'un pareil objectif : l'âme entourée de choses créées et ne créant pas! donc il y a un Créateur.

Ces deux points établis, le curé, affermi sur ces bases, Dieu et l'âme, traiterait des devoirs qui rendent celle-ci digne de celui-là. Se tenant toujours dans le terre-à-terre de l'intérêt immédiat, il appuierait sur l'importance du bienvivre, et dirait combien c'est mal calculer que de mal faire, et cela relativement tant à notre état présent qu'à notre état à venir.

A ces pauvres gens de la glèbe, les plus mal lotis sous le rapport de l'estime publique, il montrerait, qu'en vertu de ces lois et de ces observances philosophiques, le plus infime peut s'élever au-dessus des plus riches et des plus grands, et trouver les satisfactions les plus précieuses dans le témoignage de cette conscience que nous portons en nous, comme un régulateur et un rémunérateur infaillibles.

On serait sûrement entendu de ces travailleurs de terre, en leur démontrant que l'âme se cultive, s'ensemence et se met à fruit, comme un champ ; et que la laisser en friche, est une négligence comparable à celle de laisser la terre à l'abandon ; or, la philosophie, science qui n'est point déplacée dans une église, puisqu'il a existé des philosophes tels que saint Augustin et saint Thomas, la philosophie, si le paysan se décide à cultiver son âme, lui fournira des outils pour cela.

Le paysan, au surplus, pense beaucoup, par la raison que toute agitation corporelle se communique à l'âme. On dit : *Qui travaille prie*, il serait plus exact de dire : *Qui travaille pense*.

Le paysan est plus penseur que parleur : ses dires affectent un caractère sentencieux, comme si la réflexion y avait contracté les paroles. De plus, il y a en lui quelque chose d'enfant et partant d'éducable : curieux, naïf, crédule, il rit d'un rien, s'amuse d'un mot mal articulé ; une parole énoncée de travers l'égayera toute une journée.

Ne nous y trompons pas, le paysan est très-intelligent, très-sagace. Cela ouvre l'esprit, que d'assister, ainsi qu'il le fait, aux travaux de l'année ; que d'y coopérer, en voyant lever, croître et mûrir les récoltes. L'ouvrier de ville, qui ne travaille que sur des matières mortes, manque de cette initiation : le pain, le vin sont pour lui des produits d'origine inconnue, à la façon des denrées coloniales ; il ne connaît pas plus la plante qui donne le pain, qu'il ne connaît celle qui donne le chocolat. Toutes ces notions naturelles, qui s'expliquent si clairement à l'esprit du travailleur de terre, laissent fermé l'entendement du travailleur d'atelier. Aussi, chaque fois qu'un desservant de village est promu à une cure de ville, ce qui l'étonne le plus dans ses nouvelles ouailles, c'est l'énorme différence qu'il constate, aux leçons du catéchisme, entre la compréhension des petits citadins et celle des petits campagnards. Ce que les jeunes rustres saisissent d'emblée, il a des peines inimaginables à le faire entendre aux gamins de rue, qui n'ont, comme on sait, qu'une seule précocité, mais effrayante, celle du vice.

Si, quittant les enfants, nous considérons les

adultes, quelle dissemblance ne trouvons-nous pas entre la jeune paysanne et la grisette, par exemple? La grisette est sotte, sotte jusqu'à la niaiserie, comme le prouve surabondamment la facilité avec laquelle elle s'abandonne. Il faut être dépourvue de tout discernement, pour ne pas voir, quand on est fille, que céder à la première occasion venue, c'est faire une énorme sottise en conduite. La paysanne n'est point si nigaude : elle sait se faire épouser, elle sait prévoir et vouloir; et pourtant, qu'inégal est le péril pour chacune d'elles, car la paysanne a à résister, chez le jeune gars, à des penchants d'une salacité inouïe, tandis que la fillette des villes se trouve en présence, le plus souvent, de ces amoureux mal nantis, dont la chair veut et ne veut pas.

Les jeunes paysannes sont peu fragiles, relativement surtout aux facilités qu'offre l'isolement des champs et des bois; et je me souviens, à ce sujet, d'une occasion, où quelques jeunes gens de la ville, désœuvrés et riches au possible, formèrent la partie d'aller passer quelque quinze jours à la campagne, chez l'un d'entre eux, qui possédait terre et château, à seule fin d'y courir sus aux jeunes paysannes, pour en mettre à mal le plus qu'il se pourrait ; se flattant que rien ne devait être plus facile que la chasse à ces bonnes petites alouettes-là.

Ils étaient trois, ils passèrent en villégiature une longue quinzaine, et rentrèrent bredouille à la ville, mais tout à fait bredouille.

Ils se confessèrent à moi, en toute franchise, de leur déconvenue, me faisant presque un crime, après un pareil mécompte, de mon goût pour les champs.

Je cite cette vilaine tentative avec plaisir, je l'avoue, et ne suis pas fâché d'en consigner ici le souvenir.

Certes, les paysannes ne sont pas des Lucrèce, elles cèdent bien, parfois, elles aussi ; mais quand elles cèdent, soyez sûrs que l'attaque était rude, rude comme jamais grisette n'en connaîtra, ni n'a besoin d'en connaître !

Pour montrer enfin ce que peut valoir la paysanne, citons ici Jeanne d'Arc, qui était bien de franche paysannerie celle-là ; et, chez elle, quel cœur haut, quelle âme guerrière, quelle virginité superbe !

Croyez-vous qu'avec des natures pareilles un prédicateur puisse trouver à qui parler !

J'abrége ; je ne puis qu'indiquer ; il faudrait faire un livre sur l'art de prêcher au paysan. Que ceux, dans le clergé séculier, qui ne craindront pas d'avoir une idée propre en ces matières, y réfléchissent, et qu'ils osent entrer dans cette voie. Ils trouveront pour des vérités ainsi présentées, un auditoire fécond et nouveau.

Hélas ! ces vérités inestimables n'arrivent jusqu'à nous que réduites à une bien faible lueur ; que cette lueur ne soit pas déniée au paysan. Livrons-lui ce peu de certitude que les penseurs de tous les âges ont pu produire, comme lui-même livre à tous les hommes ce qu'a pu produire son labeur.

Je ne prétends pas faire mettre de côté les

vérités dogmatiques, mais je soutiens que pour les établir en notre esprit le catéchisme suffit. Une fois que la Trinité, la chute, la rédemption, ont pris place en notre entendement, c'est assez, puisque ces articles de foi, qui sont des mystères, relèvent de la mémoire et non du raisonnement, y penser une heure, y penser une vie entière, est tout un pour le résultat, qui est d'admettre sans comprendre.

Du moment que s'efforcer de rallier le paysan à la piété est une tentative vaine, qu'on le rallie au moins, comme pis aller, à la *sagesse*, ce mot étant pris dans son acception antique de science des choses de l'âme. Et qui saurait dire si cette culture de la raison, en les mettant, pour ainsi parler, en appétit de questions divines, ne contribuerait pas à réconforter, en eux, cette foi chrétienne, qui vacille et défaille, en dépit de sermons qui ne traitent pas d'autre chose?

Qu'on ne s'y méprenne pas, plus l'homme de la glèbe est assujetti à la matérialité, plus aurait prise sur lui la spiritualité. Elle lui fournirait ce qui manque à sa vie, et ce qu'il ne trouve pas au pied de votre chaire, où son intelligence, n'entendant définir que mystères sur mystères, ne cesse de se heurter à l'incompréhensible, à l'insondable.

Comptons que le moment est venu d'inculquer de cette façon les idées spirituelles, à cause que la foi, qui les imposait jadis, ayant perdu crédit sur les âmes, ne les impose plus.

Certes, je dirai volontiers avec vous : Il vaudrait mieux qu'ils acceptassent les dogmes chrétiens, dans lesquels les vérités philosophiques sont contenues; mais puisqu'ils ne les acceptent plus, mieux vaut la doctrine des sages qu'un aveugle matérialisme.

En somme, il y a, dans le paysan, un terrain des mieux appropriés aux vérités métaphysiques, un terrain qui a soif de cette rosée; que ceux qui ont reçu la mission de la faire descendre sur lui, ne lui en refusent pas le bienfait, je les en adjure ici.

XII

DU MORCELLEMENT DE LA PROPRIÉTÉ

C'est un travers commun à tous les malades de voir la cause de leur dérangement partout ailleurs que dans cette cause même. Ainsi le phthisique, le pléthorique, l'octogénaire, mettent leur indisposition sur le compte du temps qu'il fait, de l'endroit qu'ils habitent, du vent qui souffle, au lieu de l'attribuer, celui-ci à une poitrine qui faiblit, celui-là à des viscères qui s'obstruent, cet autre à la décrépitude qui arrive. Or, l'agriculture est malade, et, comme tous les malades, au lieu d'assigner à ses souffrances leur véritable cause, qui est le manque de bras, elle en accuse le défaut de crédit, l'absentéisme, le luxe des cités, et, par-dessus tout, le morcellement.

Le morcellement, loin de l'incriminer, nous devrions le bénir, car c'est à lui que nous devons le peu de bras qui nous restent. N'était le morcellement, nous n'aurions plus à l'heure qu'il est un seul paysan dans les campagnes; car ceux d'entre eux qui y possèdent quelque chose y sont retenus parce qu'ils y possèdent, et ceux qui n'y possèdent rien encore y sont retenus par l'espoir d'y posséder un jour.

A part un certain dépit de voir le paysan devenir notre égal, en devenant propriétaire à côté de nous, on reproche au morcellement, en fin de compte, assez peu de chose : on l'accuse de diminuer le bétail, comme si l'étendue du troupeau était en raison de l'étendue du domaine. Cela pouvait être vrai au temps où le bétail vivait à la vaine pâture, mais cela n'est plus vrai avec la stabulation permanente, laquelle décuple la production des fourrages parce qu'elle décuple la production du fumier.

Le paysan a peu de bétail, mais bien entretenu : une vache grasse vaut beaucoup de vaches maigres : son rendement atteint souvent celui de tout un famélique troupeau, s'il ne le dépasse.

Mais, en définitive, l'élève des bêtes de rente ou de travail n'est pas en France la seule richesse du pays ; à côté de la viande, du lait, il y a le pain et le vin que le paysan sur sa portioncule sait produire sans bêtes de somme, avec sa bêche pour labourer, et avec sa brouette pour amender.

Au surplus, si l'élevage du bétail devenait jamais insuffisant parmi nous, les voies ferrées ne failliraient pas à nous apporter ce qui nous manquerait de ce côté. La railway qui ne cesse de s'enfoncer dans l'ancien monde, ira chercher pour nous, au loin de plus en plus, chaque année, des convois de bestiaux. Ne voyons-nous pas déjà la Russie d'Asie expédier jusqu'à Paris son menu gibier?

Mais parlons des avantages de la division parcellaire du sol. Ces avantages sont de trois sortes : avantages politiques, avantages moraux et avantages agricoles.

Au point de vue politique, le morcellement est louable en ceci, qu'il est un gage de stabilité démocratique. Dès l'instant qu'il possède, le paysan passe à l'état de conservateur opiniâtre, d'autant plus adverse à toute convulsion politique, qu'il y voit une cause de mévente pour ses denrées, d'aggravations d'impôts, et même de perte de son petit domaine. Plus on est voisin de l'indigence, plus on la redoute; plus le bien est petit, plus on y tient. Le grand tenancier a beaucoup à perdre avant de perdre la totalité de son avoir, le parcellaire ne peut rien perdre qu'il ne perde tout. Il frémit à l'idée que, pour la gueule du socialisme, sa parcelle ne serait qu'une bouchée.

A ce même point de vue, le morcellement fait

les bons citoyens : le possesseur d'un recoin de terre l'aime d'un amour qui s'étend sur la patrie entière. Il n'a que bien faiblement une patrie, celui qui ne détient en propre aucun morceau de cette étendue sacrée !

Si la gent turbulente des ouvriers de ville pouvait, en devenant propriétaire d'un magasin, d'une boutique, s'intéresser à l'ordre public, les gouvernements auraient-ils lieu de s'en plaindre?

Au point de vue moral, il est certain que le fait de posséder une fraction du sol améliore l'individu. Cela le relève à ses propres yeux, lui fait sentir le besoin de gagner l'estime publique. Il est fixé et dans l'impossibilité de se soustraire, par le déplacement, à la responsabilité d'aucun de ses actes ; différant en cela du travailleur nomade, qui s'inquiète peu du qu'en-dira-t-on, ayant toujours, dans un changement de résidence, le moyen de se dépouiller du mauvais renom qu'il pourrait s'être acquis.

Troisièmement, le morcellement est avantageux au point de vue des intérêts agricoles, à cause qu'il accroît infailliblement le rendement de la terre.

Voici un grand propriétaire qui vivote sur un vaste domaine ; à court de capitaux, ne pouvant élever son revenu, il en vient à désaimer ces champs qui ont le tort, à ses yeux, de répondre par de maigres récoltes à une maigre culture ; dégoûté du métier, il se décide à se défaire de son fonds, et, comme vendre en détail est plus avantageux que vendre en bloc, il morcelle sans vergogne son immense domaine, que trente, quarante terrassiers achètent à crédit, et voilà qu'aussitôt, en vertu de ce morcellement qu'on réprouve, à la gêne d'un seul succède l'aisance de plusieurs ; à la place de sillons qui ne donnaient qu'une mesure, nous avons des sillons qui donnent deux, trois, quatre mesures ; à la place d'un terrain à qui les bras manquaient, nous avons un terrain auquel les bras ne manquent pas ; car le morcellement offre cela de bon qu'il ramène le travailleur à la terre : au moins ces parcelles-là auront la main-d'œuvre en suffisance.

Une fois devenu petit tenancier, voilà le paysan fixé aux champs et pour plusieurs générations ; et comme son lopin de terre ne lui offre pas assez d'ouvrage pour l'occuper tout de long de l'an, nous avons là, nous propriétaires en grand, nos meilleurs journaliers ; car ils sont naturellement plus entendus que les autres ; et le respect qu'ils portent à leur propre fonds, leur fait respecter celui du prochain : ils bêchent notre champ en songeant au leur, comme ces maris (pardon de l'image) qui embrassent leur femme en pensant à celle du voisin : *Te tenet, absentes alios suspirat amores...*

Et ne craignons pas qu'il soit facile au parcellaire d'acquérir la position de grand propriétaire, ce qui le ferait cesser d'être paysan et d'aller travailler pour le compte d'autrui. Le paysan peut, à force d'économie et à force d'énergie, acheter à long terme un petit clos que toute sa vie suffira bien juste à affranchir ; mais il n'augmentera guère ce noyau, que ses enfants, grâce à l'égalité des partages, diminueront très-fort.

Le père a pu, aiguillonné par le désir d'atteindre à un bien inconnu, faire l'emplette d'un peu de terre ; mais les fils, amollis par un commencement de bien-être et déjà propriétaires, s'en tiendront généralement au mince avoir que leurs auteurs leur auront laissé.

Voilà, ce me semble, d'assez bons motifs pour envisager favorablement la minime propriété, et pour ne pas céder à l'opinion courante qui condamne toute subdivision du sol. Ces opinions courantes sont quasi toutes à reviser. On crie contre le morcellement par la raison qu'on entend crier, ne prenant pas plus la peine de vérifier si cette manière de voir est fondée, qu'on ne prend la peine de vérifier si une pièce d'argent qui a cours est de bon aloi. Telle opinion circule, on se paye de cette monnaie, sans y regarder.

Pourtant, c'est là peut-être le plus beau privilége de l'homme moral de pouvoir, se posant seul à l'encontre de tous, mettre sa pensée comme un roc au milieu du torrent de l'opinion générale. L'homme physique ne peut pas s'isoler ainsi, il est matière; et la loi de la matière, c'est la quantité, la masse. Usons donc du privilége que notre esprit nous donne.

Mais du moment que le morcellement est profitable tout à la fois, au paysan qu'il moralise, à l'État qu'il garantit, et à la terre qu'il bonifie, ce n'est pas assez de l'absoudre, il faut le favoriser.

Le paysan aspire à posséder de la terre, donnons-lui de la terre afin d'agir dans l'intérêt de tous.

Il y a, dans chaque commune, des veines de terre qui se trouvent de qualité inférieure, valant en moyenne de 5 à 600 francs l'hectare. Un hectare ferait trois parcelles. La charge pour le budget ne serait pas lourde à acquérir, tous les cinq ans, quelques-unes de ces parcelles qui seraient distribuées, par la voie du sort, aux travailleurs de terre les plus méritants et les plus résidants.

Cette largesse rapporterait de bien des manières, car ce lopin de méchante terre, sitôt en puissance de paysan, se mettrait à produire comme s'il était de qualité sublime : tant vaut l'homme, tant vaut la terre.

Gouvernants, faites des réformes, vous qui pouvez les faire bénignes, ne les laissez pas à faire aux gouvernés, qui, eux, ne peuvent les faire que violentes.

XIII

ENFANTS PAYSANNISÉS

Après avoir donné au paysan de la terre, je voudrais lui donner des enfants ; après avoir fait le foyer, faire la famille.

N'a pas des enfants qui veut. Les moralistes, les prédicateurs, qui mettent sur le compte des calculs de l'égoïsme l'infécondité des mariages, en parlent bien à leur aise. Cette infécondité est moins préméditée qu'ils ne le pensent : on fait ce qu'on peut. Tout semble nous prouver que l'humanité est dans une période d'infécondité; car il en est des générations humaines comme des générations végétales : ne voyons-nous pas de certaines années qui sont favorables au développement des plantes, qui toutes alors viennent à bien, tandis que d'autres leur sont contraires et nulle récolte n'y réussit?

Ne voyons-nous pas que les enfants d'à présent sont bien moins forts que nous n'étions, nous, leurs pères? leur bas âge est difficile, à peine peuvent-ils supporter le collége.

Les mariages sans aucun enfant ne se sont jamais produits en aussi grand nombre; imputera-t-on à de certaines restrictions le fait de ne pas avoir d'enfant du tout? évidemment ce sont là des cas involontaires.

Sur six familles de paysans que j'ai actuellement sur le domaine où je réside, quatre n'ont pas d'enfant, soit pour les avoir perdus au berceau, soit pour n'en avoir jamais eu.

Cette infécondité peut être attribuée à plus de bien-être : autant la pauvreté est prolifique autant l'est peu l'abondance. L'obésité entraîne presque infailliblement la stérilité.

Toujours est-il que la production des enfants devenant moindre, il ne faut rien laisser perdre d'un si précieux contingent, et, pour cela, loin de murer les tours des hospices, rendons-les accessibles le plus qu'il se pourra; après quoi, pour parer à l'effrayante mortalité qui décime ces tendres infortunés, nous les placerons tous chez le paysan, auquel il sera facile de les rattacher par une sorte de filiation artificielle.

Ce qui manque à ces enfants, c'est une famille, d'où il suit qu'il faut, premièrement, leur donner une famille.

Vous les colloquerez au paysan tant que vous voudrez, pour peu que vous lui confériez une autorité sérieuse sur eux, une autorité qui puisse compenser ce qu'ils auront coûté à élever.

Dans la famille naturelle, l'amour du père et celui de la mère récupèrent, et par delà, des frais de la première enfance; dans la famille adop-

20.

tive, ce ne serait plus la même chose. Ce que la nature ne donnerait pas en satisfaction de cœur, la loi aurait à le donner en satisfaction d'intérêt.

Il y a quarante ans de cela, les hospices confiaient volontiers aux paysans leurs nouveau-nés, que ceux-ci gardaient ensuite jusqu'à leur majorité, et j'ai toujours été frappé du bien qu'il en résultait pour ces pauvres abandonnés, sous le rapport de leur moralité ! Ils en venaient à valoir les fils de bonne mère, tant le milieu dans lequel ils avaient grandi avait annihilé leurs vicieuses inclinations ; car, ne l'oublions pas, nous sommes tous de race, tant pour le bien que pour le mal. Les qualités et les défauts se transmettent avec le sang : il y a des péchés originels en foule, et un malheureux enfant, qui se trouve le produit du vice, a grand besoin que ses instincts soient combattus ; ils ne peuvent mieux l'être que par les influences de la vie de famille, que je propose ici.

Mais, à la place de cela, que fait-on, aujourd'hui ? En vérité, on frémit d'y songer ! On prend tous ces malheureux petits êtres, dont les tendances au mal sont similaires, et on les rassemble dans des colonies agricoles, des pénitenciers, des asiles, de façon que leurs mauvais penchants, trouvant là comme une émulation à mal faire, s'exagèrent à l'envi ; et Dieu sait quels résultats donne une promiscuité pareille ! Autant le champi, élevé par le paysan, était bon, honnête, d'une honnêteté modeste, comme un peu confus de son extraction, autant le bâtard des agglomérations d'enfants-trouvés est pervers, et pervers avec impudence. Le centre dans lequel il a vécu lui a ôté toute vergogne, et il en est venu à penser que la société entière est semblable à ses camarades d'atelier.

Un autre avantage de la mesure que j'indique ici serait d'augmenter la somme des paysans ; car, nous l'avons dit, nul ne peut faire qu'un individu qui n'est pas paysan le devienne ; mais en plaçant, dès la mamelle, un enfant au foyer du paysan, c'est comme s'il naissait paysan. La paysannerie qu'il aura sucée avec le lait, lui sera naturellement infusée.

Au reste, c'est au paysan, plutôt qu'à toute autre classe sociale, que vous trouverez à faire accepter ces enfants délaissés, à les greffer, si je puis dire, sur une souche qui n'est pas la leur ; et cela par la raison que c'est aux champs que l'on tire le plus aisément parti de la plus tendre enfance : dès qu'un marmot en vient à savoir marcher, on l'utilise à quelque chose ; ne voit-on pas des enfants de trois à quatre ans servir à des vaches leur pitance, guider même des bœufs à l'abreuvoir, ou conduire un troupeau de bêtes à plumes, oisons ou dindons ?

Et puis, condition des plus favorables, le paysan se prête à merveille à cette intrusion d'un étranger dans son intérieur, à cause que, tenant beaucoup à avoir lignée, il ne regarde pas à de certains détails de filiation. C'est seulement parmi les paysans, que les mariages improductifs sont encore, comme dans la haute antiquité, une igno-minie pour les conjoints. Traiter un mari de *mulet*, une femme de *mule*, est un très-sensible outrage.

Aussi ambitionnent-ils par-dessus tout d'avoir une femme féconde, d'où suit que fille mise à mal trouve toujours un épouseur, et parfois préférablement. Ils sont certains qu'elle n'est pas bréhaigne, celle-là, et c'est quelque chose pour eux, de la prendre à coup sûr. Les antécédents ne les affectent guère. Que dis-je! n'en voit-on pas, *proh pudor!* épouser des filles grosses des œuvres d'autrui; des filles qui sont en train d'essuyer de ces charivaris sauvages que les campagnes infligent encore aux demoiselles de village qui ont succombé à la fleurette!

Il y a plusieurs années de cela, il m'arriva du service le fils d'un meunier à mon père, qui avait fini son temps. C'était un beau luron. Il portait encore l'uniforme, quand il se montra pour la première fois, à l'issue des vêpres, au milieu du bourg, et je me rappelle de l'effet que produisit sa bonne mine.

Il lui tardait naturellement de se marier, et

comme il était d'une famille où personne ne passait pour bouder à la pioche, et que de plus son père possédait une maisonnette en torchis avec chénevière et courtil attenants, il n'avait évidemment qu'à choisir. Son choix fut bientôt fait, et, à ma grande surprise, il jeta son dévolu sur une fille, qui, en dehors de tout *conjungo*, avait accouché par deux fois. Ne pouvant supporter une telle aberration chez un jeune garçon que je connaissais familièrement, puisque nous avions fréquenté l'école primaire ensemble, j'allai lui parler, un jour qu'il houait seul, au milieu d'une vigne, et je l'amenai non sans peine à renoncer à son projet. Là-dessus, je m'absentai pendant près d'une année, et, quand je revins, je trouvai mon jeune homme marié. Il avait épousé une fille mère.

Sur ce que je lui témoignais mon étonnement de ce qu'il s'était mis sur la tête un pareil chapeau, il me répondit indifféremment : *C'était mon sort*.

Sous le rapport des œuvres du mariage, le

paysan nous rappelle un peu les mœurs de Lacédémone, où le droit de céder sa femme à un autre était l'un des priviléges du bon citoyen ; le mari entaché d'incivisme ne jouissait pas de cette prérogative ; il était condamné à garder sa femme pour lui tout seul, ce qui le punissait fort. *O tempora, o mores !*

Toujours est-il que nous avons, dans le paysan, une classe sociale avide d'enfants, et qui nous offre le milieu le plus favorable pour débourber ces petits êtres, qui sortent assez malpropres du cloaque des abjections humaines. C'est là une porte ouverte pour les faire rentrer, non-seulement dans la société, mais encore dans la famille. Que ceux qui ont autorité pour agir en ces importantes matières veuillent bien y songer : avec cette manière de tirer parti des naissances interlopes, on n'en serait plus réduit à fermer les tours des hospices à ces infortunés, ce qui équivaut le plus souvent à leur ouvrir la gueule du barathron.

Des gouvernants qui repoussent des enfants

qu'on vient leur offrir, est-ce croyable? Mieux inspirées, les sages républiques des anciens âges les prenaient de force.

Songez donc que ces êtres, nés vicieux et qui restent vicieux, infectent les rangs sociaux, où ils perpétuent tous les désordres ; tandis que, mêlés à des familles saines, les mauvais germes déposés en eux s'y trouveraient salutairement étouffés.

XIV

DE LA DÉPOPULATION DES CAMPAGNES

Terminons ce livre par un chapitre sur la dépopulation des campagnes. On s'alarme à bon droit de ce déplacement anormal, qui, nuisant plus ou moins à toute exploitation rurale, est surtout gros de menaces pour l'avenir. La valeur foncière en subit une dépréciation énorme, car chacun met ses terres en vente, parce qu'il ne se trouve pas de bras pour les cultiver, et personne ne se présente pour les acheter, parce

21

qu'il ne se trouve pas de bras pour les cultiver.

Si la main-d'œuvre était abondante, ce serait tout le contraire : personne ne voudrait vendre et tout le monde voudrait acheter ; d'où une hausse incalculable.

Efforçons-nous de découvrir la cause de cette émigration ; elle importe d'autant plus à connaître que toute erreur à ce sujet aurait le double inconvénient d'ajouter à la malignité du mal en le traitant à contre-sens, et d'induire inutilement le pays en des dépenses excessives, car tout remède, qui s'applique à quelque partie du corps social, est de soi fort coûteux.

A quelle impulsion obéit ce grand nombre de travailleurs ruraux qui déserte le poste où la naissance les a placés ? Le mobile qui les porte à délaisser les champs pour courir affronter, au sein des villes, les mauvaises chances d'un changement d'état, surtout quand la vie qu'ils abandonnent est comparativement si douce, ce mobile doit être bien puissant ; il doit l'être plus que

l'instinctive loi qui nous lie, jusqu'à nous y incor-
porer, aux lieux qui nous ont vus naître et où
notre enfance a fleuri.

En général, ceux qui se sont occupés, en vue
de la publicité, de cette calamité agricole, lui ont
assigné pour cause, premièrement le plus d'attrait qu'offre aux paysans le séjour de la ville, et
secondement le taux plus élevé des salaires urbains.

Eh bien ! passons en revue ces deux motifs
d'émigration que je ne crois pas les véritables.

Il n'en est pas des émigrants qui se rendent au
chef-lieu, voire à la capitale, comme de ceux
qui, s'expatriant en toute rigueur, partent pour
l'Australie ou la Californie. De ces derniers, peu
de nouvelles. Tandis que les autres, ceux qui,
moins hasardeux, se sont contentés de voguer
vers la cité prochaine, ceux-là se montrent de
temps à autre au pays, lors de la fête locale à
tout le moins. On peut suivre par conséquent les
progrès qu'ils font vers ce bien-être, dont le mi-
rage les a attirés dans la grande ville, que leurs

aïeux connaissaient seulement pour en avoir entendu prononcer le nom : *urbem quam dicunt Romam*.

Or, je le demande, l'exemple des jeunes gens partis pour les cités est-il très-engageant pour ceux qui doivent les y suivre, et qui les y suivront infailliblement ? On les a vus s'aventurer à la poursuite d'une position meilleure : leur tentative a-t-elle réussi ? ont-ils fait fortune ? reviennent-ils riches au village ? comment va leur bourse ? comment va leur santé ; la santé, ce capital de l'homme de peine ?

Hélas ! ils reparaissent, dans l'endroit, en assez piteux état : ayant passé par l'inexorable filière : le gargotier, l'hôpital et le reste ! A les voir si blanchets, on dirait des emprisonnés élargis de la veille.

Mais, en revanche, ont-ils beaucoup gagné ? Ces grosses journées de 5, de 6 francs même dont il fut tant parlé au départ, ont-elles tenu ce qu'elles promettaient ? En comptant au plus bas, soit 4 francs par jour, on peut mettre joliment à l'épargne, lorsqu'on reçoit, deux fois le mois, de pareilles quinzaines, et lorsqu'on est garçon.

A de telles questions, toujours même réponse : les chômages, les périodiques chômages ont tout dévoré. Sur trois cents jours ouvrables, quand on doit en chômer un bon tiers, cela réduit fort le boni à la fin de l'année. Or, le travailleur de terre ne connaît pas de chômages, par quoi son gain en définitive est très-supérieur à celui de l'ouvrier citadin. Ce dernier a bientôt appris cela à ses dépens. Il l'a appris, et il se hâte de l'enseigner aux autres, son amour-propre étant grandement intéressé à ce que l'on sache bien que ce n'est pas l'inconduite qui l'a empêché de thésauriser un peu, et que s'il reparaît sans le moindre frusquin, ce fâcheux résultat ne l'entache aucunement.

Passant à l'autre motif d'émigration, voyons si le jeune gars a trouvé à la ville cette facilité à se divertir, dont l'expectative a si bien su l'amorcer. Sur ce chef-là, encore un mécompte.

Le plaisir, dans les cités, est un article de consommation trop demandé, pour qu'on l'y débite gratuitement. Toute récréation s'y paye, sauf peut-être celle qu'on peut goûter à considérer les dehors des magasins et des édifices. Un rustaud, dont l'ébahissement ne résiste guère à une couple d'heures de badauderie, a bien vite tout son soûl de ce passe-temps-là. J'ai toujours été surpris du peu d'effet que produit, à première vue, Paris, sur le paysan ; c'est que, si les distractions de l'esprit sont à la ville, celles du corps sont aux champs, qui sont les seules dont un paysan soit susceptible.

Il me souvient d'une journée de ma vie d'étudiant où il me fut donné de montrer «la capitale» à un de nos métayers qui n'était jamais sorti du trou de son village. Je me promettais beaucoup de son étonnement, mais que je fus trompé ! Aux Tuileries, il ne détacha guère les yeux des plates-bandes, grattant la terre du bout de son soulier, en prenant plein le creux de la main pour la considérer et la flairer de près, puis finissant par me résumer son long examen en cette courte phrase : *La chanvre y viendrait !*

Une grosse averse nous ayant fait chercher un abri dans le Palais-Royal, je comptais au moins, pour le frapper d'admiration, sur les boutiques; mais il ne cessait de s'en détourner pour regarder l'eau chargée de toutes les immondices de la rue et des toits, qui coulait à plein ruisseau, regrettant très-fort que ses prés d'en haut n'eussent pas à boire un pareil liquide.

A Notre-Dame, où nous eûmes la chance de voir se déployer tout un cortége de prêtres, chapiers, thuriféraires, avec monseigneur de Quélen dans sa gloire, il ne prit garde qu'à un seul objet, le robuste abbé qui portait la croix. Il me le montra finement du doigt en disant : « Que celui-là irait bien pour me donner la gerbe ! »

Donner la gerbe, c'est la présenter, à bras tendus, au bout d'une fourche-fière, à l'homme qui les empile sur les chariots. Manœuvre des plus pénibles.

Donc, n'accusons plus de la désertion des campagnes l'appât des divertissements urbains, n'en accusons pas non plus l'appât des gros salaires. Pour un ouvrier de manufacture, d'atelier, qui parvient à l'aisance, combien ne compte-t-on pas de journaliers, auxquels l'action de retourner la glèbe a procuré une maisonnette et un champ !

Mais quel est donc le mobile qui, pour voler au chef-lieu, met à tant de jeunes gens des ailes aux talons? Ce mobile, c'est *l'insubordination domestique.* Le père de famille n'est plus le maître en sa maison, il y a perdu tout empire sur ses enfants. Dès qu'ils sont aussi forts que lui, ils ne veulent plus lui obéir, et dès qu'ils peuvent le dépasser à l'ouvrage, ils entendent lui commander : non contents de secouer le joug, ils prétendent l'imposer, et Dieu sait avec quelle rigueur ; puis, devenus maîtres absolus d'eux-mêmes, ils ne tardent pas à partir ; car, dédaignant leur père, ils dédaignent bien plus encore sa profession. Le travail de la terre est à leurs yeux avilissant, et, dans leur infatuation, ils vont jusqu'à ne tenir aucun compte de tous ces paysans, qui, pioche en main, ont su s'ouvrir un chemin vers le bien-être.

Si le père, par dévouement à son exploitation que ruine le désaccord né de l'indiscipline de ses fils, cède à cet impie abus de la force, l'association, je ne dirai pas la famille, peut aller encore un peu de temps, c'est-à-dire jusqu'au mariage de l'un des garçons, époque où l'introduction d'une bru dans la maison rend, comme on sait, la vie commune impossible.

Or, du moment que les enfants, s'affranchissant de tout devoir, répudient le saint abri du toit et du foyer où reposa leur berceau, où porteront-ils leurs pas? A la ville! à la ville où courent tous les émancipés.

Le propriétaire rural souffre de cette désertion, le chef de famille en souffre bien davantage. Qui peindra la désolation du fermier, du colon, du simple manouvrier, qui se voient délaissés par ces bras sur lesquels ils avaient compté, et que la décadence de leurs propres forces leur rendrait si précieux! Ah! s'ils pouvaient les retenir! mais la loi le leur défend; loin de leur venir en aide, la loi est pour le fuyard. L'enfant, de par la loi, ne doit rien à son père, sauf à mettre obstacle à ce qu'il meure entièrement de faim.

Que dis-je? le législateur n'invite-t-il pas les enfants à s'éloigner de la famille, quand il déclare que lorsque ceux-ci auront une industrie séparée, le père n'aura rien à y prétendre, et que même ses droits de correction en seront amoindris[1]? Après cela l'enfant serait bien malavisé s'il continuait à mêler son travail à celui de ses parents.

Il n'a garde de le faire : il part pour ne plus revenir qu'à la mort de ce père abandonné par

---

[1] Art. 387. La jouissance du bien des enfants par le père ne s'étendra pas aux biens que les enfants pourront acquérir par un travail et une industrie séparés.

Art. 382. Lorsque l'enfant exercera un état, ou aura des biens personnels, sa détention, sur la plainte du père, ne pourra, même au-dessous de seize ans, avoir lieu que par voie de réquisition.

(Code civil, titre *des Personnes*.)

lui, afin de recueillir sa part du petit champ qu'il s'est refusé à agrandir, du pécule qu'il n'a pas voulu augmenter.

Le remède à une désertion si abusive ne saurait émaner que du législateur. Il faudrait qu'une loi décrétât le respect filial, fortifiât l'autorité paternelle, je devrais dire la reconstituât, car elle existe à peine. Que le chef de famille garde toute sa vie le commandement sur ses enfants tenus de lui obéir. Que le fils soit astreint vis-à-vis de son père à la *cohabitation* et à la *coopération*. Que la toute-puissance, en un mot, soit du côté des cheveux blancs, afin que dans ce siècle où l'association fait partout des miracles, elle ne soit pas bannie de la famille, où Dieu l'institua, pour ainsi parler, de sa main.

La Patrie,—et là vit sa puissance et sa force,—la Patrie exige, de tout homme fait, neuf années d'un dévouement absolu, durant lesquelles, ne s'appartenant plus à lui-même, il n'appartient qu'à elle seule, et le père, lui, n'a rien à prétendre sur l'enfant qu'il a élevé, qu'il a fait grand

et fort au prix de tant de peines, qui est sien,
enfin, de par toutes les attaches du sang et de
l'âme! et l'enfant, de son côté, ne doit rien à
son père qu'un vague respect; l'enfant est libre
de se retirer de cette famille à laquelle il doit la
croissance et la vie; il est libre de la quitter soudain qu'il n'a plus besoin d'elle, de la dissoudre
au moment où, en mesure de faire pour elle ce
qu'elle a fait pour lui, il pourrait en être le
soutien et l'orgueil!

La sainte Écriture use d'un mot profond,
quand elle appelle le fils : *la force de l'homme.*
Définition tout à fait juste en ce sens que,
lorsque nous sommes jeunes, n'étant guidés
ni par la raison, ni par l'expérience, la force qui
est en nous est vaine; elle est effective et réelle,
alors qu'assagis par l'âge, nous pouvons faire
exécuter nos desseins par nos fils, dont la vigueur, conduite par notre sagesse, mérite seule
le nom de force.

En effet, pour bien vivre sur cette terre, il
nous faudrait y vivre deux fois : une première

fois pour y apprendre l'art de bien vivre, une seconde fois pour l'y mettre en pratique. Avec des fils coopérateurs, tout père vivrait deux fois. Mais ce fils soumis et assujetti, la loi, loin de songer à le lui assurer, le lui enlève formellement, en ne conférant d'autorité coercitive au père sur ses enfants, que pendant le temps où ils ne sont que des enfants. C'est alors qu'ils sont des hommes que leur obéissance serait fructueuse.

Que l'on me permette un rapprochement à coup sûr très-indigne : constituée comme elle est, la famille humaine est en quelque sorte comparable à celle des animaux sauvages, dont la géniture abandonne la mère qui la nourrit sitôt qu'elle peut se passer de ses soins.

Mais la Providence, en destinant la brute à cet abandon, a pris soin d'éteindre en elle le sentiment ; la loi n'a pu en faire autant, Dieu merci ! car le spectacle de ce couple vieillissant, seul, au coin de l'âtre, avec le vide poignant entre les deux, le vide occasionné par le départ de tous les fils, finira par toucher le législateur de pitié.

Si l'on m'objectait que l'organisation ici ré-
clamée amènerait une sujétion repoussée par les
mœurs libérales de notre époque, je répondrais
que chacun de nous devenant chef de famille à
son tour, serait successivement investi de cette
souveraineté domestique; répartition qui, satis-
faisant au principe de l'égalité, ne saurait s'appeler un privilége. Celui-là seul n'exercerait jamais ce pouvoir, qui se dérobant, par le célibat,
aux obligations du mariage, encourrait à juste
titre une semblable exclusion.

Et remarquons que dans le semblant d'autorité
laissé au père par le code, le législateur a eu
grand soin de ne lui permettre, à l'égard de ses
enfants, que des corrections très-légères, et cela
afin de ne pas les irriter. Et, en dépit d'un tel
ménagement, quel magistrat n'a été témoin de
l'animosité horrible que témoigne l'enfant, châtié
si modérément, envers l'auteur de ses jours? Or,
une loi par laquelle serait remise en vigueur l'antique discipline domestique n'irriterait point
l'enfant, qui ne pourrait y voir qu'un ordre de

choses universellement imposé et universellement accepté.

Mais pour que cette souveraineté du père soit plénière, laissons à celui qui l'exercera la libre disposition testamentaire de sa fortune : là est le meilleur frein. Ce frein, les collatéraux en disposent : aussi, combien les oncles, les tantes, ont plus d'empire sur les neveux que les pères n'en ont sur les enfants! comme ils sont plus considérés, plus respectés! Et que de fois cet empire, profitant au bon ordre de la vie, a servi à ramener ou à retenir dans le devoir ceux que les admonestations, tant paternelles que maternelles, avaient trouvés le plus réfractaires!

Je dis donc, et je dis avec conviction, que la dépopulation des campagnes et le désarroi de la famille ne sont qu'un même mal, auquel il faut un même remède, qui serait la restauration de l'autorité domestique dans le père ; lui seul peut endiguer le torrent.

Est-ce à dire que nous demandions le retour pur et simple à l'ancien droit d'aînesse ? Non cer-

tainement : cette forme de la puissance paternelle a fait son temps, elle est disparue, dévorée
par une révolution, et une révolution ne dévore
rien qu'elle ne le dissolve. Parvînt-on à faire
rendre gorge au passé, le monstre ne rejetterait
que des débris. Mais sans revenir au droit d'aînesse de nos pères, ne saurait-on réorganiser la
famille, en y reconstituant l'autorité? Le père de
famille devrait-il jamais mourir moralement? la
puissance dont l'a investi le droit naturel, est-
elle une puissance dont les enfants puissent se
passer? le fils aîné ne doit-il pas la continuer,
la perpétuer, afin que les puînés aient toujours
en lui protection et affection? et comment l'y
auraient-ils si ce fils aîné, loin d'être titré
pour cette mission, ne se trouve, au décès du
père, rien autre chose que l'égal de ses frères et
de ses sœurs?

On va répétant qu'il est de la justice que tous
les enfants, sans exception, soient également par-
tagés dans l'hérédité de leur auteur; mais si
c'était là une loi de justice, Dieu aurait-il pu s'y

soustraire, en faisant si inégaux entre eux, sous les rapports physiques et métaphysiques, les enfants d'un même père ?

J'oserais donc demander qu'on donnât au premier-né, sinon plus de bien qu'à ses cadets, du moins plus de droits, ce qui lui permettrait d'empêcher de tomber dans l'anarchie l'institution de la famille, comme elle y tombe chaque fois que son chef vient à décéder.

Mais voici qui prouve bien quelles racines a cette institution dans le cœur paternel : chose étrange ! aussitôt que le paysan est devenu propriétaire, quelle est sa préoccupation constante ? c'est de faire un aîné. Et telle est la violence de ce désir, que de façon ou d'autre, il finit par en venir à bout.

Je m'arrête, car une pensée décourageante me saisit, c'est qu'avec les idées dont les gouvernements paraissent affolés aujourd'hui, travailler à accroître la population des campagnes, c'est travailler à donner plus d'aliments à la guerre. La guerre, n'est-ce pas à elle qu'incombe le manque de bras dont nous souffrons? En vérité, lorsque l'on réfléchit à la quantité de jeunes hommes qui ont péri, on ne peut que s'étonner qu'il se trouve encore un reste de travailleurs pour la terre. De 1792 à 1814 la France a perdu par la guerre 4,556,000 hommes, soit 2,000 hommes par jour. Tous sont morts sans descendance, ne laissant après eux que leurs os blanchis. Presque tous étaient paysans, car la guerre est une grande dévoratrice de paysans. Quelles légions de manouvriers seraient issues de ces 4,556,000 jeunes gens, s'il leur avait été donné de connaître l'hymen! On aurait eu, depuis lors, amplement deux générations, lesquelles auraient produit 18 millions de naissances, 18 millions d'âmes que la France aurait en plus et qu'elle a en moins; ce qui nous démontre combien calculent mal ceux qui font la guerre pour accroître la grandeur d'un pays. A force de guerres heureuses, qu'est devenue l'ancienne Grèce, qu'est devenue l'ancienne Rome? Rien n'use les empires comme la guerre: victoires ou défaites, tout leur nuit.

Mais comment empêcher la guerre, quand on n'a pour cela que la seule force de la raison, et que l'on s'adresse à des potentats, qui semblent ne détenir le pouvoir que pour faire la guerre, car c'est là *jeu de prince?*

Hélas ! il n'y a ici que des vœux à former, il n'y a qu'à prier l'économiste, le publiciste, de travailler de plus en plus à propager l'amour de la paix internationale, afin que l'humanité puisse en venir un jour à jouir sans trouble des biens que les progrès de la civilisation lui ont acquis. Efforçons-nous donc de faire envisager la guerre comme le plus atroce jeu. Montrons-en les résultats insignifiants ou iniques. Tâchons de redresser la conscience publique, si terriblement faussée à cet égard, en lui faisant sentir qu'il est d'autres joies, pour un être intelligent et libre, que celles des combats, d'autre gloire que celle d'être le plus fort à coups de canon.

Comment l'esprit public a-t-il pu conserver cette opinion, née aux âges de la plus complète barbarie, qui consiste à voir le comble de la gloire dans cette orgie de sang, dans cette licence donnée à l'homme de faire à son semblable le plus de mal possible !

Il va de soi que, tant que la sotte espèce humaine s'obstinera à glorifier les faits de guerre, au lieu de les vouer à l'exécration, elle encouragera les souverains à guerroyer.

Et, remarquons-le, plus nous allons, plus la guerre va gagnant en atrocité. Qu'étaient les guerres des temps anciens, au prix des guerres contemporaines ? Autrefois, au moins, on opposait l'homme à l'homme, en une lutte corps à corps où la valeur était beaucoup, lutte peu meurtrière, qui terrassait plus qu'elle ne tuait ; à présent, ce n'est plus contre l'homme qu'on envoie le soldat, c'est contre des machines ; on oppose à des volcans de fer, de pauvres poitrines humaines : on tue les combattants, non plus un à un, mais en foule ; aussi à chaque rencontre d'armées, c'est par centaine de mille qu'il faut compter les morts, et l'on ne connaît plus de ces honnêtes batailles de l'antiquité et du moyen âge où l'on se faisait si peu de mal, qu'il y a eu des victoires remportées sans un seul mort de part ni d'autre.

Le progrès ne pouvait s'en tenir là : progrès inverse s'il en fut... En 93, un terroriste forcené demandait une machine qui pût abattre cent têtes d'un coup : la guerre est cette machine là. A la Moscowa, la lutte dura dix heures et il y eut 90,000 morts, par quoi la bataille y trancha, par minute, 150 existences.

Pourtant, il est permis de penser que si les maîtres de nos destinées avaient présents à l'esprit les maux que la guerre entraîne, ils reculeraient devant la responsabilité qu'ils assument en la déchaînant sur leurs peuples, car mieux vaudraient la peste et la famine. Faisons-leur donc connaître ces maux le plus possible, et, qu'à cette louable fin, le moraliste ne cesse de mettre en lumière le tableau du mal que fait la guerre, lorsque criant à l'homme : Tue ou meurs ! elle anéantit tous les droits, suspend tous les devoirs. Je voudrais que l'on dépeignît ce que nul n'a osé dépeindre : un champ de bataille dans toute son horreur, à l'heure où des multitudes d'infortunés blessés, les os rompus, les entrailles ouvertes, n'ayant d'autre couche que le sol ramolli par leur sang, agonisent et meurent à terre, comme de vils animaux...

Arrachons l'auréole du front de ceux qui, à eux seuls, font toutes ces souffrances, et que celui qui, durant quinze années, a promené le carnage sur l'Europe, comme un grand nuage y promènerait son ombre, recevant ici le nom que l'agriculture lui donnera toujours, s'appelle : l'Homme-fléau !

FIN.

TABLE

—

PARIS. — IMP. SIMON RAÇON ET COMP., RUE D'ERFURTH, 1.